现代景观规划设计研究

米少华　类维礼　罗　燕◎著

吉林科学技术出版社

图书在版编目（CIP）数据

现代景观规划设计研究 / 米少华，类维礼，罗燕著
. -- 长春：吉林科学技术出版社，2023.5
ISBN 978-7-5744-0516-5

Ⅰ．①现… Ⅱ．①米… ②类… ③罗… Ⅲ．①景观规
划－景观设计－研究 Ⅳ．①TU986.2

中国国家版本馆 CIP 数据核字（2023）第 103837 号

现代景观规划设计研究
XIANDAI JINGGUAN GUIHUA SHEJI YANJIU

作 者 米少华 类维礼 罗 燕
出 版 人 宛 霞
责任编辑 乌 兰
幅面尺寸 185 mm×260mm
开 本 16
字 数 275千字
印 张 12.25
版 次 2023 年 5 月第 1 版
印 次 2023 年 5 月第 1 次印刷

出 版 吉林科学技术出版社
发 行 吉林科学技术出版社
地 址 长春市净月区福祉大路 5788 号
邮 编 130118
发行部电话/传真 0431-81629529 81629530 81629531
81629532 81629533 81629534

储运部电话 0431-86059116

编辑部电话 0431-81629518
印 刷 北京四海锦诚印刷技术有限公司

书 号 ISBN 978-7-5744-0516-5
定 价 65.00 元

前　言

景观规划设计与规划、建筑、地理等多学科交叉、融合，在不同的学科中具有不同的意义。从规划及建筑设计的角度出发，景观规划设计学的关注点在于——对于一个物质空间的整体设计，将解决问题的途径建立在科学、理性的分析基础上，综合性地解决问题，而不是仅依赖设计师的艺术灵感和艺术创造来表达设计思想和观念。近年来，随着我国经济的持续增长，人们对生活环境的要求逐渐提高，使得景观规划设计在我国得到了飞速的发展，推动了城市化发展的进程，促使城市新区层出不穷地呈现在人们面前，加强了人们对于居住环境质量的追求。在此背景下，我国的城市化建设必须顺应城市景观规划设计多样化的趋势，提升景观规划设计的艺术性，注重景观规划设计的生态性。

当前的景观规划设计早已脱离了传统意义上的单一环境设计，在整个社会发展中扮演着具有重要生态意义的角色。随着景观都市主义的倡导与发展，景观规划设计的目的转变为将整个城市建设成一个完整生态体系，通过景观基础设施建设来完善城市生态系统，同时将城市基础设施功能与其社会需要结合起来，使城市得以延展。

本书是现代园林景观规划设计方面的著作，旨在通过介绍景观规划设计的理论基础、艺术原理和原则等专业设计知识，使读者认识景观规划设计的本质。本书一共分为七大章节，既对现代景观规划设计基础知识进行介绍，又对现代景观规划设计的原则与方法进行分析，并阐述景观布局设计的方法，然后通过公园景观规划设计、建筑、雕塑及公共设施设计、居住区与单位附属绿地景观规划设计等方面，分别阐述景观规划与设计会用到的各类设计要素，最后总结现代景观规划设计的发展趋势。本书条理清晰、内容丰富，无论是刚迈入设计领域的初学者，还是从事多年设计工作的设计人员，本书讲解的内容都能为其打开新的设计大门。

在写作过程中，因景观规划设计内容较广，编写者参考了大量国内外有关著作、论文，未能一一注明，敬请谅解，在此谨向有关作者深表谢意。因作者水平有限，疏漏错误在所难免，欢迎读者予以批评指正。

作者

2023 年×月

目 录

第一章　现代景观规划设计基础

第一节　景观规划设计的概念和意义

一、景观规划设计的相关概念

"景观"（Landscape）一词，无论是在西方国家还是在中国，都是一个难以用简单的语言说清道明的概念。不同领域、不同职业的人对景观有着不同的理解；景观在每个国家都具有古老的历史，甚至早在人类之前就已存在。对景观进行基本认识与了解有助于从宏观和整体的角度把握景观规划设计的概念。

（一）景观的概念

景观一词由地理学界提出，指的是一种地表景象或综合自然地理区，或是一种类型单位的通称，如草原景观、森林景观、城市景观、人文景观等。景观还有风景、景致或景色之意，指具有艺术审美价值和观赏休闲价值的景物。

在我国艺术史中，景观与中国山水画和古代园林艺术有着密不可分的关系。中国山水画和古代园林艺术为现代景观规划设计提供了许多宝贵的经验技术及设计思想，如因地制宜、天人合一、道法自然等。明末时期的《园冶》是中国古代造园专著，也是中国第一本园林艺术理论专著。

不同的科学领域对景观的概念有着不同的理解。例如，地理学家侧重于自然；艺术家侧重于审美，把景观作为表现与再现的对象，将其等同于风景；园林师把景观作为建筑物的配景或背景；生态学家把景观定义为生态系统；旅游学家把景观当作资源，侧重于形成生态环保化；城市美化运动者和房地产开发商将景观等同于城市的街景立面、霓虹灯，以及房地产中的园林绿化、小品、喷泉叠水。

我们可以把对景观的多种理解概括为以下几点：

1. 风景——视觉审美过程的对象。
2. 栖居地——人类生活的空间和环境。

3. 生态系统——具有结构和功能、内在和外在联系的有机系统。

4. 符号——记载人类过去，表达希望和理想，人类赖以认同和寄托的语言和精神空间。

综上所述，我们可以把景观的概念界定为：土地及土地上的空间和物质构成的综合体，是复杂的自然过程和人类活动在大地上的烙印。

（二）景观规划设计的概念

景观规划设计是指在某一区域内创造一个具有形态、形式因素的，较为独立的，具有一定社会文化内涵及审美价值的景物。这个景物必须有以下两个属性：

一是自然属性，即景物必须具有光、形、色、体的可感因素，具有一定的空间形态，较为独立，并且易从区域形态背景中分离出来。

二是社会属性，即景物必须具有一定的社会文化内涵、观赏功能、使用功能，能够改善环境，并且其内涵能够引发人的情感、意趣、联想、移情等心理反应，即具备景观效应。

就目前而言，景观规划设计主要包括规划设计和具体空间环境设计两个方面。其中，规划设计包括场地规划、土地规划、控制性规划、城市设计和环境规划等方面；具体空间环境设计就是狭义的景观规划设计。

狭义的景观规划设计是指通过科学和艺术手段，对景观要素进行合理的布局与组合，在某一区域内创造一个具有某一形态或形式的、较为独立的、具有一定社会文化内涵和审美价值的景物。其主要设计要素包括地形、水体、植被、建筑、构筑物以及公共艺术品（景观小品）等；其主要设计对象是户外开放空间，包括广场、步行街、居住区环境、城市街头绿地以及城市滨湖和滨河地带等。景观规划设计的目的不仅在于满足人类的工作、生活、游憩需要，还在于提高人类的生活品质和精神层次。广义的景观规划设计是从大规模、大尺度的角度出发，对景观进行分析、设计、管理和保护，其核心是对人类户外生存环境的建设。对景观的设计与改造，可以不断改善人类与自然的关系，进而营造一种文明和谐的生活方式，帮助人类重新建立与自然的统一。国家对自然风景区的保护和对生物多样的湿地的保护即有此作用。

（三）景观规划设计学的概念

从人类所处的外部世界的角度来说，景观可以分为三类，即自然景观、人工景观和半人工景观。

目前，国内各高校的景观规划设计专业设置名目众多，分散在建筑学、园林学、地理学、艺术学等一级学科中，而且学术界对于学科名称的争论也一直没有结束。事实上，无论称谓如何，景观规划设计学的研究和探索工作都跳不出自然景观、人工景观和半人工景观这三大范围。正如在谈到建筑时，不能把古典建筑、现代建筑分成不同学科，因为它们是一脉相承的建筑文明，虽然有截然不同之处，但是它们都是基于建筑学科的共同的基本理论和基本原理。我们今天谈论的景观规划设计学同它的历史源头，即景观园林学已经大不相同，同时它作为一门学科仍在不断向前发展。

如今，在国际上，景观规划设计学已经成为一个非常广阔的专业领域。其概念已经扩大到地球表层规划的范畴，涵盖了从花园和其他小尺度的工程到大的生态规划、流域规划和管理，以及建筑设计和城市规划的相当一部分内容和基本原理，在更大的范围内为人们创造着经济、适用、美观且令人舒适愉悦的生存空间。

所谓设计，就是找到一个能够改善现状的途径。没有人能够准确地预测未来的景观，但是几千年的实践已经证明，景观和社会的生产方式、科学技术水平、文化艺术特征有着密切的联系，它同建筑一样反映着人类社会的物质水平和精神面貌，反映着它所处的时代的特征。

二、景观规划设计的意义

20 世纪 80 年代，联合国教科文组织提出了一个面向 21 世纪的口号：人类、自然、艺术为环境服务。

景观规划设计作为一门对人类周边环境进行艺术上的美化、技术上的优化的学科，其产生和发展对于人类社会的发展具有不容忽视的意义。

（一）景观规划设计学科的建立是人类生存的历史性要求

广义的环境是指生物体周边的一切影响生物体的外在状态，所有生物包括人类都无法脱离这个环境。"人"这一概念是指在某一特定的时间，具有某种背景（文化传统、民族特点等）、某种社会关系，生存于某一环境之下的人。随着人类社会和科学技术的发展，人们从对私密空间、公共空间的划分出发，从建筑物这一角度，把环境分为室内与室外两部分。环境对人的重要性，不仅表现在人作为生物体必须占有一定的环境空间，而且表现在人在生存情感与行为心理上对环境有不能割舍的依赖性（生活方式、文化、地域、传统等）。

从人类的建造历史来看，人类对塑造和改善环境及环境景观的愿望执着而强烈，因而创造出了精彩纷呈的建筑史、园林史与城镇建设史。这些历史已经或正在成为人类文明的重要组成部分。例如，埃及的金字塔、巴比伦的"空中花园"、伊壁鸠鲁（Epicurus）的文人园、雅典卫城、文艺复兴时期的埃斯特庄园、巴洛克式的凡尔赛宫、英式庭园、中国明清时期的皇家园林及建筑群、中国江南的私家园林（现今保存尚好的有苏州的环秀山庄、网师园、狮子林，南京的瞻园、熙园，上海的豫园，无锡的畅春园等）、日本有名的"枯山水""草庭写意"庭园等。虽然上述园林和建筑多体现了历史上"有钱""有权""有闲"阶层对室外环境景观的追求，但实际上普通大众在有限的条件下，也会弄花植树、粉饰外墙。例如，考古发现意大利庞贝古城（公元前 6 世纪~公元 79 年）的普通居民住宅中，不仅有林荫小径、人工种植的花草，还有室外壁画；日本人在居住环境狭小的条件限制下，创造出了"箱庭"这一独特的室外景观装饰美化手法。

因此，我们可以认为，人类由于对环境不可或缺的心理、生理及情感依赖性，在相对解决了居住问题后，对周边环境景观的美的追求始终不曾间断。在此背景下，人类创造出了许多与之相关的专门理论。所以说，对于室外环境改善美化这一人类一直非常重视的问题，建立"景观规划设计"这一学科，对前人的经验、理论加以研究总结，并使之更加深化、丰富，以更好地指导完善景观规划设计，是十分有必要的。

（二）重视景观规划设计是当今社会的需求

科学技术的发达引起了经济社会的急剧变化，人们的生活环境受到种种威胁，从高速公路那种超人性的装置到个人的小庭园，作为生活环境都必须确定一贯的视觉。

人类的历史进程在经历了 19 世纪的工业大革命之后，实现了非常迅猛的发展，社会生产力水平得到了极大的提高。如今，城市的规模越来越大，因此有人说人类生活在由钢筋、水泥、玻璃组成的"丛林"中。这种状况使得许许多多的人与曾与之一体化的自然环境越来越疏离，转而沉溺于现代人工环境，同时人与人之间生活环境的相似性也在变强（日常的生活场景有限、"千城一面"的相似性）。在此背景下，人类的生活环境出现了各种问题，如城市人口过密，交通拥挤，空气、水、噪声污染，气候反常等。

这一切使得生活在人工环境中的人在精神心理、生理行为乃至于社会生活等诸多方面都面临着许多困扰，如生活节奏过快、易于疲劳、孤独、人际关系疏离、人情冷淡、生活缺乏目的性和满足感等。因此，现代人越来越希望在某种程度上改善这种生存境态，接近自然、放松身心。例如，一些人热衷于旅游，就是为了接近自然，转换身处的场景和自身的社会角色；人们在选择居住、办公等场所时，不仅要了解建筑物本身是否适合人们使用，更要看它的外观是否具有美感，其所处的环境位置是否近山近水，其周边的环境景观（如绿化等）是否优美，等等。在此背景下，人们不再满足于简单的环境美化，对室外景观规划设计的需求越来越强烈，要求也越来越高。因此，在当今的社会境况下，景观规划设计必然越来越受到人们的重视。

（三）关注景观规划设计是人类建设发展和环境保护的要求

从历史和人类社会发展的总趋势来看，人类对其自身环境的塑造和改善呈现出一种必然性。对于人类的一些建设发展活动，如城市规模的扩大、城市中常见的"拆旧立新"的建设活动、人类活动区域向自然界的大规模延伸、在"全球一体化"情境下的不同区域文化传统的融合与对立等，景观规划设计都为之提供了一些新的、与其他学科侧重面不同的思考和研究方式。例如，对于城市中老建筑的保护，文物保护部门可能更多的是从老建筑的个体文物价值去考虑保护还是拆毁，而景观规划设计则是在考虑个体文物价值的基础上，侧重于考虑老建筑的空间情感辐射范围、周边的人文氛围及其潜在的景观基础。因此，保护老建筑的问题经常涉及是要保护一幢建筑还是要保护一片建筑的思考。又如，城市规模快速扩张、生活方式的急速变化，对不同的人的情感心理产生的不同影响。这一问题常被湮没于对"高速发展"的狂热追求之中，但正是景观规划设计要予以关注和解决的问题。景观规划设计是科学技术与艺术相交汇而产生的，由于艺术可以直接面对人的心理情感，景观规划设计更倾向于关怀人情、人性，以人为本。

如果说人类改变自然环境是基于人类生存发展的需要而产生的一种必然性的趋势，那么在当今世界，面对日益被消耗的自然资源、人口的增长、生物物种的消亡以及日渐恶化的空气、水环境，环境保护问题应当受到广泛的重视。我们应该持有并关注这样一种理念：在今天，人类的每一种生产及生活行为都涉及环境保护问题。景观规划设计作为一种人类针对环境的营造活动，更应该重视生态与环保。因此，在设计及建造活动中，应对整体环境保持一种尊重谦恭的姿态，尽量减少资源消耗，重视使用可再生材料。一个有序、优良的景观规划设计不仅可以为人们提供更便利、安全、实用、美观的室外活动空间，而且可以有计划、合理地、保护性地利用人类的周边环境，为生态环境可持续发展以及生态文明建设作出贡献。

第二节　景观规划设计的构成

一、地形

造景必相地立基，方可得体。地形是地表的外观，是景观的基底和骨架，地形地貌是景观规划设计最基本的场地和基础。从景观的角度出发，可以将地形分为平坦地形、凸地形、凹地形、山脊、谷地等。

（一）平坦地形

平坦地形是指任何土地的基面都应在视觉上与水平面相平行，但在真实的环境中，并没有完全水平的地形统一体。这是因为所有地形都有不同程度的坡度。

平坦地形是所有地形中最简明、最稳定的地形，具有静态、稳定、中性的特征，能够给人舒适和踏实的感觉。这种地形在景观中应用较多。例如，为了组织群众进行文体活动及游览风景，便于接纳和疏散群众，可将平坦地形作为集散的广场、观赏景色的停留地点、活动场所等；再如，公园必须设置一定比例的平地，因为平地过少会难以满足广大群众的活动要求。

（二）凸地形

凸地形比周围环境的地势高，视线开阔，具有延伸性，空间呈发散状。凸地形是现有地形中最具抗拒重力感同时又代表权力和力量的类型，其表现形式有丘陵、山峦以及小山峰等。凸地形的作用有两个方面：一方面，它可组织成为观景之地；另一方面，因地形高处的景物突出明显，可成为造景之地。

（三）凹地形

凹地形在景观中被称为"碗状注地"，地势比周围环境低，有内向性和保护感、隔离感。凹地形的视线通常较封闭，且封闭程度取决于凹地形的绝对标高、脊线范围、坡面角、树木和建筑高度等。凹地形的空间呈集聚性，易形成孤立感和私密感。凹地形并非一片实地，而是不折不扣的空间；当与凸地形相连接时，凹地形可完善地形布局。凹地形的坡面既可观景，也可布置景物。

凹地形的形成一般有两种形式：一是地面某一区域的泥土被挖掘而形成凹地形；二是两片凸地形组合在一起而形成凹地形。凹地形是景观中的基础空间，也是户外空间的基础结构，人们的大多数活动都在凹地形中进行。在凹地形中，空间制约的程度取决于周围坡度的陡峭和高度以及空间的宽度。

凹地形是一个具有内向性和不受外界干扰的空间，可将处于该空间中的任何人的注意力集中在其中心或底层。凹地形通常给人一种安全感、封闭感和私密感，在某种程度上也可起到避免受到外界侵犯的作用。

（四）山脊

山脊是连续的线性凸起型地形，有明显的方向性和流线性。可以这样说，山脊就是凸地形"深化"的变体，与凸地形相类似。山脊可以限定户外空间边缘，调节其坡上和周围环境中的小气候。此外，山脊也能提供一个具有外倾于周围景观的制高点。

沿脊线有许多视野供给点，而山脊终点景观的视野效果最佳。设计游览路线时应当顺应地形的方向性和流线性，如果路线和山脊线相抵或垂直，就容易在游览的过程中感到疲劳。

（五）谷地

谷地是一系列连续和线性的凹形地貌，具有方向性，其空间特性和山脊地形正好相反，与凹地形相似。谷地在景观中是一个低点，具有实空间的功能，可供人们进行多种活动。

二、园路

园路是指观赏景观的行走路线，是景观的动线。园路起着导游的作用，组织着景观的展开和游人观赏的程序，同时具有构景作用。根据不同的分类方式，可将园路分为多种类型。下面将简要介绍几种常见的园路类型。

（一）按性质和功能分类

1. 主干道

主干道联系全园，必须考虑通行、生产、消防、救护、游览车辆的要求。主干道贯通整个景观，联系主要出入口与各景观区的中心、各主要广场、主要建筑、主要景点。主干道两侧通常种植高大乔木，形成浓郁的林荫，乔木间的间隙可构成欣赏两侧风景的景窗。

2. 次干道

次干道散布于各景观区之内，联系景区内各景点、建筑，两侧绿化以绿篱、花坛为主。次干道可通轻型车辆及人力车，路宽一般为 3~4m。

3. 游步道

游步道路宽应能满足两人行走，一般为 1.2~2m，小径可为 0.8~1m。有些游步道上铺有鹅卵石，在其上行走能按摩足底穴位，既能达到健身目的，又不失为一个好的景观。

（二）按路面材料分类

1. 整体路面

整体路面是指整体浇筑、铺设的路面，具有平整、耐压、耐磨、整体性好的特点，常采用的材料有水泥混凝土、沥青混凝土等。

沥青铺装具有良好的环境普遍性、平坦性和弹性，但是其物理性能不稳定且其外观不美观。对此，可加入颜料或骨料进行透水性处理，利用彩色沥青混凝土，通过拉毛、喷砂、水磨、斩剁等工艺，做成色彩丰富的各种仿木、仿石或图案式的整体路面。

混凝土铺装采用的是最朴实、价廉物美、使用方便的材料，可以创造出许多质感和色彩搭配，适用于人行道、车行道、步行道、游乐场、停车场等场所的地面装饰。混凝土铺装具有良好的平坦性、尺寸规模可选择性、良好的物理性能，但其弹性低、易裂缝、不美观。对此，可加入矿物颜料、彩色水泥、彩色水磨石地面进行铺装。

2. 块材路面

块材路面是指利用规则或不规则的各种天然、人工块材铺筑的路面，是园路中最常使用的路面类型。块材路面常用的材料包括强度较高、耐磨性好的花岗岩、青石板等石材，以及一级地面砖、预制混凝土块等。

利用形状、色彩、质地各异的块材，通过不同大小、方向的组合，可以构成丰富的图案。不仅具有很好的装饰性，还能增强路面防滑性能、减少路面反光。

天然石材种类繁多，质地良好，色彩丰富，表现力强，各项物理性能良好，易与各类自然景观元素相协调，能够营造不同的环境氛围。

花岗岩是高档铺装材料，耐磨性好，具有高雅、华贵的效果，但是成本高、投资大。

毛面铺地石是以手工打制而成，即在产品表面打造出自然断面、剁斧条纹面以及点状，如荔枝表皮面或菠萝表皮面等效果，其材质以花岗石为主。

机刨条纹石为了防滑并增强三维效果，有剁斧石、机刨石、火烧石等类型。

瓷砖（陶板砖、釉面砖）种类繁多，物理性能良好，色彩丰富，适用于不规则空间和复杂的地形。但其承载力不强，缺乏个性与艺术性。

3. 碎料路面

碎料路面是指利用碎（砾）石、卵石、砖瓦砾、陶瓷片、天然石材、小料石等碎料拼砌铺设的路面，主要用于庭院路、游步道。由于材料细小、类型丰富，可以拼合成各种精巧的图案，形成观赏度较高的景观路面，如传统的花街铺地。

砂石地面具有较强的可塑性和象征性，可以做成"枯山水"来表现水的意象，同时可以与石景、水景结合产生丰富的空间意境。

卵石地面是景观铺装中常用的一种路面类型，适宜应用于水边或林间场地和道路。其铺设风格较为多样，可以利用不同的色彩和形状做出较为随意的拼花，形成活泼、自然的风格；同时由于其形状不规则、多样化，适宜创造流动感。

木材作为室外铺装材料，适用范围有限。木质铺装能够给人以自然、柔和、舒适的感觉，但是容易腐烂、枯朽，须经过特殊的防腐处理。

4. 特殊路面

在实际的园路工程中，路面类型并无绝对分类，往往是块材路面、碎料路面互相补充，通过肌理、色彩、规则、硬质与软质等的结合，形成丰富多变的园路类型。

三、铺装

铺装是指用各种材料进行地面铺砌装饰，包括园路、广场、活动场地、建筑地坪等。铺装在环境景观中具有极其重要的地位和作用，是改善开放空间环境最直接、最有效的手段。

铺装景观具有强烈的视觉效果，能够让人们产生独特的感受，给人们留下深刻的印象，满足人们对美感的深层次心理需求。铺装可以营造温馨宜人的气氛，使开放空间更具人情味与情趣，吸引人们驻足，在其中进行各种公共活动，进而使街路空间成为人们喜爱的城市高质量生活空间；同时，铺装还可以通过特殊的色彩、质感和构形加强路面的可辨识性，划分不同性质的交通区间，对交通进行各种诱导和暗示，从而进一步提高城市道路交通的安全性能。

根据不同的分类方式，铺装可以分为多种类型，下面将简要介绍几种常见的铺装类型。

（一）根据应用类型分类

铺装根据应用类型可分为广场铺装、商业街铺装、人行道道路铺装、停车场铺装、台阶和坡道铺装等。

1. 广场铺装

在进行广场铺装设计时，应把整个广场作为一个整体来进行整体性图案设计，统一广场的各要素，塑造广场空间感；同时，要注意对广场的边缘进行铺装处理，使广场具有明显的边界，形成完整的广场空间。

现代的广场大多数是公共性质的广场，可分为集会广场（政治广场、市政广场、宗教广场等）、纪念广场（陵园广场、陵墓广场等）、交通广场（站前广场、交通广场等）、商业广场（集市广场等）、文化娱乐休闲广场（音乐广场、街心广场等）、儿童游戏广场、建筑广场等。

（1）在集会广场中，硬质铺装应占很大面积，绿化面积应较小，且不宜有过多的高差变化。色彩上应选择纯度高、明度低的颜色，材料质感一般比较粗糙，要突出一种庄严、质朴的感觉。

（2）纪念广场的铺装应突出严肃、静穆的氛围，将人们的视线引到"纪念"的中心，常采用向心的图案布局来排列铺装材料。

（3）交通广场的铺装应耐压、耐磨、变形小、不易破坏，同时应采用色彩明度高的材料，并使图案的设计相对轻松、活泼，以便加强交通广场的装饰性。

（4）商业广场的铺装要结合周围的商业氛围，可以选择亮丽一些的色调；材质应以光洁材料为主、以粗糙材料为辅，同时应考虑一定的弹性，以便缓解人们行走的疲劳感。铺装图案应当富有变化，以便体现现代商业热闹、活力的特点。

（5）文化娱乐休闲广场的铺装应因地制宜，与周围场地的环境相协调，而不必拘泥于形式。

（6）儿童游戏广场的铺装应根据儿童的年龄、心理、生理及行为特点进行一些有针对性的设计，选择鲜明的色彩；同时应尽量减少不必要的障碍物以及踏步、台阶，多采用坡道形式，尽量选择比较柔软的材料。

（7）建筑广场的铺须要结合建筑整体的风格、形式来进行设计，对材质、纹理、色彩的要求比较高。

2. 商业街铺装

在商业街中，铺装尺度要亲切、和谐，使人们可以与空间环境对话，得到完全的放松。铺装色彩要注意与建筑相协调，可以采用与建筑有统一感的主色调铺装，强化街道景观的连续性和整体性。铺装细部设计色彩要亮丽、富于变化，以体现商业街的繁华景象。

3. 人行道铺装

人行道铺装的基本要求是强度高、耐磨、防滑、舒适、美观。在潮湿的天气能防滑，便于排水；在有坡之处，即使在恶劣气候条件下也能够供人安全行走。同时，人行道应造价低廉，有方向感与方位感，有明确的边界，有合适的色彩、尺度与质感。具体而言，色彩要考虑当地气候与周围环境；尺度应与人行道宽度、所在地区位置有正确的关系；质感要注意场地的大小，面积大时的质感可粗糙些，面积小时的质感不可太粗糙。

4. 停车场铺装

停车场的铺装应考虑材料的耐久性和耐磨性。常用的停车场铺装材料有嵌草砖、植草格、透水砖等。

5. 台阶和坡道铺装

台阶和坡道表面要具备防滑性能，同时台阶踏步前沿的防滑条心在颜色或材质上应与台阶整体有明显区分。

（二）根据铺装的材质分类

根据铺装的材质，可以将铺装分为柔性铺装和刚性铺装。

1. 柔性铺装

柔性铺装是由各种材料完全压实在一起而形成的，能够将交通荷载传递给下面的土层。这些材料在荷载作用下会发生轻微移动，因此在设计中应该考虑采用限制道路边缘的方法，防止道路结构的松散和变形。柔性道路常用的材料有砾石、沥青、嵌草混凝土、砖等。

2. 刚性铺装

刚性铺装是指由现浇混凝土及预制构件进行铺装。采用刚性铺装的路面有着相同的几何路面。在进行刚性铺装时，通常要在混凝土地基上铺一层砂浆，以形成一个坚固的平台，尤其是对那些细长的或易碎的铺地材料，因为其配置及加固都依赖于这个稳固的基础。刚性铺装常用的材料有石材、沥青混凝土、水泥混凝土等。

四、水体

喜水是人类的天性，一个城市会因山而有势，因水而显灵。为表现自然，水体设计是景观规划设计中的主要因素之一，也是设计的重点和难点。不论哪一种类型的景观，水都是其中最富有生气的因素。可以说，景观无水不活。

（一）水的特征

水体之所以成为设计者以及观赏者都喜爱的景观要素，除了水是大自然中的普遍存在之外，还与水本身的特征分不开。

1. 水具有独特的质感

水是无色透明的液体，具有其他要素无法比拟的质感，这一点主要体现在水的"柔"性上。与其他要素相比，水具备独特的"柔"性，即"柔情似水"。山是"实"，水是"虚"；山是"刚"，水是"柔"。此外，水的独特质感还表现在水的洁净，水清澈见底而无丝毫的躲藏。

2. 水具有丰富的形式

水是无色透明的液体，其本身无形，但其形式会随外界而变。例如，在大自然中，水有江、河、湖、海、潭、溪流、山涧、瀑布、泉水、池塘等不同的形式；在人类生活中，水的形态取决于盛水容器的形状，即盛水容器不同，水的形态也不同。

不同的水面给人以不同的想象和感受。水面大者如浩瀚之海，水面小者如盆、如珠；水面大者波澜壮阔，水面小者晶莹剔透。

3. 水具有多变的状态

水因重力和外界的影响，呈现出以下四种不同的动静状态：

（1）平静的水体，安详、朴实。

（2）水因重力而流动，奔涌向前、毫无畏惧。

（3）水因压力向上喷涌，水花四溅。

（4）水因重力而下跌，形成诸如湖泊、溪涧、喷泉、瀑布等不同的状态。

此外，水也会因气候的变化呈现多变的状态。液态是水的常态，而水还有固态和气态，不同的状态具有不同的境界。水多变的状态与动静两宜的特点都能够给景观空间增加丰富多彩的内容。

4. 水具有自然的音响

运动着的水，无论是流动、跌落、喷涌还是撞击，都会发出不同的音响。水还可与其他要素相结合发出自然的音响，如惊涛拍岸、雨打芭蕉等，都是自然赋予人类最美的音响。利用水的音响，通过人工配置能够形成别致的景点，如无锡寄啸山庄的"八音涧"。

5. 水具有虚涵的意境

水具有透明而虚涵的特性，表面清澈，能够呈现倒影，带给人亦真亦幻的迷人境界，体现出"天光云影共徘徊"的意境。

总之，水具有其他要素无可比拟的审美特性。因此，在景观规划设计中，可以通过对景物的恰当安排，充分体现水体的特征，充分发挥景观的魅力，予景观以更深的感染力。

（二）水体的类型

水的形态多样、千变万化，因此水体的类型也相当丰富，具体可做如下划分：

1. 按水体的形式分类

（1）自然式的水体

自然式的水体，是指保持天然的形状或模仿天然形状的江、河、湖、溪、涧、泉、瀑等。自然式的水体岸形曲折，富于自然变化，其形态不拘一格、灵活多变。

（2）规则式的水体

规则式的水体是指人工开凿的呈几何形状的水面，如规则式水池、运河、水渠、方潭、水井，以及呈几何体的喷泉、叠水等。

规则式水体讲究对称严整，岸线轮廓均为几何形，富于秩序感，易于成为视觉中心，但处理不当则会显得呆板。因此，规则式水体常设喷泉、壁泉等，以使水体更加生动。

（3）混合式的水体

混合式的水体，顾名思义就是前两者的结合，一般选用规则式水体的岸形，局部则常采用自然式水体来打破人工的线条。

2. 按水流状态分类

（1）平静的水体

平静的水体包含大型水面、中小型水面和景观泳池三大类。其中，大型水面又可分为天然湖泊、人工湖；中小型水面可分为公园主体水景和小水面；景观泳池可分为人造沙滩式泳池和规则式泳池两类。

（2）流动的水体

流动的水体可以分为大型河川、中小型河渠及溪流等。

（3）跌落的水体

跌落的水体可以分为水帘瀑布、跌水和滚槛（指水流越过下面阻拦的横石翻滚而下的水景）等。

（4）喷涌的水体

喷涌的水体可分为单喷（指由下而上单孔喷射的喷泉）、组合喷水（指由多个单孔喷泉组成的喷泉）以及复合喷水（指采用多层次、多方位和多种水态组成的综合体复合喷水）。

3. 按水体的使用功能分类

观赏的水体一般较小，主要为构景之用，水面有波光倒影，能够成为风景透视线。观赏的水体可设岛、堤、桥、点石、雕塑、喷泉、种植水生植物等，岸边可做不同处理，以构成不同的景色。

开展水上活动的水体，一般需要较大的水面、适当的水深、清洁的水质，水底及岸边最好有一层砂土，同时岸坡要平缓。

五、植物

植物是景观营造的主要素材，景观绿化能否达到实用、经济、美观的效果，在很大程度上取决于景观植物的选择和配置。

景观植物种类繁多，形态各异。按形态和习性分类，景观植物可以分为以下几类：

（一）乔木

乔木是指树身高大的木本植物。乔木由根部生成独立的主干，树和树冠有明显区分，分枝点在 2m 以上，整体高度通常在 5m 以上。

乔木是植物景观营造的骨干材料，形体高大，枝叶繁茂，绿量大，生长年限长，景观效果突出，在植物造景中占有举足轻重的地位，如木棉、松树、玉兰、白桦等。

以冬季或夏季落叶与否为依据，乔木可以分为落叶乔木和常绿乔木。

以观赏特性为依据，乔木可以分为观花类、观果类、观叶类、观枝干类、观树形类等。

以高度为依据，乔木可分为伟乔（31m 以上）、大乔（21~30m）、中乔（11~20m）、小乔（6~10m）四级。

（二）灌木

灌木是指那些植体矮小、没有明显的主干、呈丛生状态的树木，一般可分为观花、观果、观枝干几类。常见的灌木有玫瑰、杜鹃、牡丹、女贞、紫叶小檗、黄杨、铺地柏、连翘、迎春、月季等。

（三）藤本植物

藤本植物也称为"攀缘植物"，是指自身不能直立生长，需要依附他物或匍匐于地面而生长的木本或草本植物。根据其习性，藤本植物可分为缠绕类、卷攀类、吸附类、蔓生类等。

1. 缠绕类

通过缠绕在其他支持物上生长的植物，如牵牛、使君子、西番莲。

2. 卷攀类

依靠卷须攀缘到其他物体上的植物，如葡萄、炮仗花以及苦瓜、丝瓜等瓜类植物。

3. 吸附类

依靠气生根或吸盘的吸附作用而攀缘到其他物体上的植物，如常春藤、凌霄、合果芋、龟背竹、爬墙虎、绿萝等。

4. 蔓生类

这类藤本植物没有特殊的攀缘器官，攀缘能力较弱，主要是因为其枝蔓木质化较弱，不够硬挺，易于下垂，如野蔷薇、天门冬、三角梅、软枝黄蝉、紫藤等。

（四）竹类

竹类属于禾本科的常绿乔木或灌木，干木质浑圆，中空而有节，皮多为翠绿色，也有呈方形、实心及其他形状和颜色的竹，如紫竹、金竹、方竹、罗汉竹等。

（五）花卉

花卉是指姿态优美、花色艳丽、花香郁馥，具有观赏价值的草本和木本植物（以草本植物为主），是景观中重要的造景材料，包括一、二年生花卉和多年生花卉。花卉既有常绿的，也有冬枯的。

花卉种类繁多，色彩、株型、花期变化很大。景观规划设计中常用的花卉有金盏菊、花叶羽衣甘蓝、波斯菊、百合、长春花、雏菊、翠菊、长生菊、凤仙花、鸡冠花、桔梗、美人蕉、郁金香、兰花、太阳花、一串红、水仙、睡莲、芍药、玉簪、萱草等。

（六）地被植物

地被植物是指用于覆盖地面的矮小植物。既有草本植物，也包括一些低矮的灌木和藤本植物，高度一般不超过0.5m，如高羊茅、狗牙根、天鹅绒草、结缕草、马尼拉草、冬麦草、四季青草、三叶草等。

草坪是地被植物的一种，是经人工建植后形成的具有美化和观赏效果的草本植物，是能供人休闲、游乐和进行适度体育运动的坪状草地。用作草坪的植物一般是可以形成各种人工草地的生长低矮、叶片稠密、叶色美观、耐践踏的多年生草本植物。

按照不同的用途，草坪可分为以下几种类型：

1. 游憩性草坪

游憩性草坪一般建植于医院、疗养院、机关、学校、住宅区、家庭庭院、公园及其他大型绿地之中，供人们工作之余休憩使用。其面积可大可小，允许人们入内活动，管理比较粗放。

2. 观赏性草坪

观赏性草坪也称为"装饰性草坪"，是绿地中专供观赏用的草坪，不能入内游乐。如铺设在广场、道路两边或分车带、雕像、喷泉或建筑物前以及花坛周围，独立构成景观或对其他景物起装饰陪衬作用的草坪。

3. 运动场草坪

运动场草坪是指专供开展体育运动的草坪，如高尔夫球场草坪、足球场草坪、网球场草坪、赛马场草坪、垒球场草坪、滚木球场草坪、橄榄球场草坪、射击场草坪等。此类草坪一般采用韧性强、耐践踏、耐频繁修剪的草种。对运动场草坪的管理要求精细，以便形成均匀整齐的平面。

4. 护坡草坪

护坡草坪主要是为了固土护坡，不让黄土裸露，从而达到保护生态环境的目的，兼有美化作用。这类草坪须具备保护和改善生态环境的功能，因此选择的草种必须有适应性强、根系发达、草层紧密、抗旱、抗寒、抗病虫害的特点。这类草坪一般面积较大，管理粗放。

5. 其他草坪

除上述几类草坪外，还有一些应用于特殊场所的草坪，如停车场草坪、人行道草坪。这类草坪多在停车场或路面铺设的空心砖内填土建植，要求草种适应能力强、耐践踏和干旱。

（七）水生植物

水生植物是指生长在水中、沼泽或岸边潮湿地带的植物。根据生态习性、适生环境和生长方式，可以将水生植物分为挺水植物、浮叶植物、沉水植物以及岸边耐湿植物四类。

1. 挺水型水生植物

挺水型水生植物是指茎叶挺出水面的水生植物。挺水型水生植物植株高大、花色艳丽，绝大多数有茎、叶之分，直立挺拔，下部或基部沉于水中，根或地茎扎入泥中生长发育，上部植株挺出水面。

挺水型植物种类繁多，常见的有荷花、菖蒲、黄花鸢尾、千屈菜、香蒲、慈姑、风车草、荸荠、水芹、水葱等。

2. 浮叶型水生植物

浮叶型水生植物是指叶浮于水面的水生植物。浮叶型水生植物的根状茎发达，花大色艳，无明显的地上茎或茎细弱不能直立，而它们的体内通常贮藏有大量的气体，能够使叶片或植株漂浮于水面上。

常见的浮叶型水生植物有王莲、萍蓬草、荇菜、睡莲、凤眼莲、红菱等。

3. 沉水型水生植物

沉水型水生植物是指整个植株全部没入水中，或仅有少许叶尖或花朵露出水面的水生植物，其通气组织特别发达，能够在空气极度缺乏的环境中进行气体交换。沉水型水生植物花小且花期短，以观叶为主。沉水型水生植物对水质有一定的要求，因为水质会影响其对弱光的利用。

此外，沉水型水生植物能够在白天制造氧气，有利于平衡水中的化学成分，促进鱼类的生长。

常见的沉水型水生植物有金鱼藻、红蝴蝶、香蕉草等。

4. 岸边耐湿植物

岸边耐湿植物主要是指生长于岸边潮湿环境中的植物，有的甚至根系长期浸泡在水中。常见的岸边耐湿植物有落羽松、水松、红树、水杉、池杉、垂柳、旱柳、黄菖蒲、萱草、落新妇等。

六、游憩类景观建筑

游憩类景观建筑是供人休息赏景的场所，同时其本身也是景观规划设计中的构图中心。游憩类景观建筑的主要形式包括亭、廊、榭、舫、厅堂、楼阁等。

七、景观小品

景观小品与设施是专供休息、装饰展示的构筑物，是景观不可缺少的组成部分，能使景观更富于表现力。

景观小品一般体形小、数量多、分布广，具有较强的装饰性，对景观的影响很大。景观小品主要可以分为休憩、装饰、展示、服务、照明等几大类。

（一）休憩类景观小品

休憩类景观小品包括圆凳、圆椅、圆桌、遮阳伞、遮阳罩等，能够直接影响室外空间的舒适和愉快感。休憩类景观小品的主要目的是提供一个干净又稳固的地方，供人们休息、遮阳、等候、谈天、观赏、看书或用餐之用。休憩类景观小品多设置在室外，在功能上须防水、防晒、防腐蚀，因此在材料上多采用铸铁、不锈钢、防水木、石材等。

（二）装饰性景观小品

装饰性景观小品包括花钵、花盆、雕塑、花坛、旗杆、景墙、栏杆等。在景观中起到点缀作用的装饰类景观小品，一般装饰手法多样，内容丰富。

栏杆主要起防护、分隔和装饰美化的作用，座凳式栏杆还可供游人休息。需要注意的是，绿地中一般不宜多设栏杆，即使设置也不宜过高。设计栏杆时应该注意把防护、分隔的作用巧妙地与美化装饰结合起来。

（三）展示性景观小品

展示性景观小品主要包括指示牌、宣传廊、告示牌、解说牌等，主要用来进行精神文明教育、科普宣传、政策教育等，具有接近群众、利用率高、灵活多样、占地少、造价低和美化环境的优点。展示性景观小品一般常设在各种广场边、道路对景处或结合建筑、游廊、挡土墙等灵活布置。

根据具体环境情况，展示性景观小品可分为直线形、曲线形或弧形；根据断面形式，展示性景观小品可分为单面和双面；另外，展示性景观小品还有平面和立体展示之分。

（四）服务性景观小品

服务性景观小品主要包括售货亭、饮水台、洗手钵、垃圾箱、电话亭、公共厕所等，其体量虽然不大，但与人们的游憩活动密切相关，能够为游人提供方便。服务性景观小品融使用功能与艺术造景为一体，在景观中起着重要的作用。

饮水台分为开闭式及长流式两种，所用之水须能为公众饮用。

饮水台多设于广场中心、儿童游戏场中心、园路一隅等处，高度应在 500～900mm。在设置饮水台时须注意废水的排除问题。

洗手台一般设置在餐厅进口处、游戏场或运动场旁、园路一隅等处。

用餐或长时间休憩、滞留的地方一般设有大型垃圾桶。需要注意的是，设置在户外的垃圾桶容易积水，容易导致垃圾腐烂，因此垃圾桶的下部要设排水孔。此外，垃圾桶应符合环境条件并且颜色具有清洁感。

（五）照明用景观小品

灯具是景观环境中常用的室外家具，主要是为了方便游人夜行，渲染景观效果。灯具的种类很多，分为路灯、草坪灯、水下灯以及各种装饰灯具和照明器。

灯具的选择与设计要遵循以下原则：

1. 功能齐备、光线舒适，能充分发挥照明功效。

2. 灯具形态艺术性强，具有美感，同时光线要与环境相配合，以便形成亮部与阴影的对比，丰富空间的层次和立体感。

3. 与环境气氛相协调，用"光"与"影"来衬托自然美，并起到分割空间、改变氛围的作用。

4. 保证安全，灯具线路开关乃至灯杆设置都要采取安全措施。

第三节 景观规划设计的类别

一、标志性建筑景观规划设计

标志性建筑景观的主体是建筑本身，但它与其他建筑不同，它具备景观的某些性质，如悉尼歌剧院、巴黎埃菲尔铁塔、纽约自由女神像、伦敦大本钟等都是世界上著名的标志性建筑景观。标志性建筑能反映出整个城市的整体形象，可体现一种城市精神，是人们对城市形象与发展的一种精神性寄托与情感表达。

建筑有其独立的艺术价值、形式语言、功能结构关系。关于景观与建筑的关系，是建筑引领景观的发展，还是景观规划建筑的设计，一直是建筑师与景观规划设计师争论的一个焦点。一个城市的标志性建筑，是经过多年的文化交流与文化积淀形成的，是不能够用金钱在短短的数年内就使其成为"标志"的。悉尼歌剧院、巴黎埃菲尔铁塔等建筑之所以能够成为一个城市的标志，并非只是在于建筑设计上的独特，更多的是因为其中蕴含着人文历史与周围环境的协调共生等因素，同时还包括民众认同度的原因。

在现代城市景观规划设计中，景观与建筑应该是互相作用的。建筑不能脱离环境而独立存在，景观环境也需要处理好与周围建筑的围合尺度及天际线变化关系，更需要有标志性建筑作为点睛之笔。

二、城市公园景观规划设计

公园经常被认为是钢筋混凝土沙漠中的绿洲。公园的自然要素能够带给人们视觉上的放松，使人们感受四季的轮回以及与自然界接触的感觉。城市公园景观是城市绿化体系的重要组成部分，是城市中的生态园。它以树木、草地、花卉为主，兼具人工构筑的景观要素，具有镶嵌度高、类型多样的特点。城市公园景观是一种开放性强、开度大，以自然的特色与魅力服务于人，可供人们娱乐、观演、餐饮、交流、集会等的绿色活动空间，能够为城市居民业余休息、文化活动等提供一个开放性、自由式的交流场所，对美化城市面貌和平衡城市生态环境、调节气候、净化空气等均有积极作用。

随着人们对空间使用的文化模式的深入理解，公园设计应该打破以往的旧规则、旧模式。人口、生活方式、价值观和心态的变化，使得公众需要大范围、多样化的休闲环境，因此对公园设计的讨论热点大都集中于多样化的需求——公园类型的多样化、传统公园中要素的多样化等。同时，随着时代的发展，人与自然之间新型关系的适应性和独特性，使得公园设计不断地模仿自然。无论是原始环境中的自然化休闲，还是前卫抽象的表达，都体现了人们对人与自然关系的文化态度。这一点主要体现在城市中的文化公园。

三、居住区景观规划设计

居住区环境是城市环境的重要有机组成部分。亲近宜人的居住环境是每个城市人的希望与需求，居住区景观环境质量的好坏直接影响着人们的生理、心理和精神需求。如今，如何协调人以及居住区环境与区域环境之间的关系已成为居住区景观规划设计的主题与目标，居住区景观形态已成为表达整个居住区形象、特色以及可识别性的载体。

居住区景观具有生活场所和公众活动场所的双重属性，既可给住户提供开放的公共活动场地，又可满足住户个人生活的需求。居住区公共场所可以通过绿化环境、设置景观小品和公共设施吸引住户，并为住户提供与自然万物交往的空间，进而从生活场所上和精神上创造和谐融洽的社会氛围。

四、商业区景观规划设计

商业区的活动功能主要有购物、餐饮、观演、娱乐交流等。因此，商业区景观规划设计应该更多地考虑商品的展销与人群疏散问题，从而设计出便捷的购物场所和休息场所。在商业区；人们的主要活动目的是购物，因此处理好人与商业性活动场所的关系是商业景观规划设计的主要目的。商业区景观多以硬质景观为主，大量的人流要求商业性景观必须具备开阔性和空气流通性，以缓解商业建筑展示性广场、娱乐设施、广告绿化、交通等混杂的空间构成给商业区广场带来的巨大压力。

五、广场景观规划设计

广场是将人群吸引到一起进行静态休闲活动的城市空间形式。广场位于一些高度城市化区域的核心部位，被有意识地作为活动焦点，应具有可以吸引人群和便于聚集的要素；通常情况下，广场经过铺装，被高密度的建筑物围合，由街道环绕或与街道连通。总而言之，广场是一个人流密度较高、聚集性较强的高密度开放空间，其主要功能是供人漫步、闲坐、用餐或观察周围世界。与人行道不同的是，它是一处具有自我领域的空间，而不是一个用于路过的空间。

六、道路景观规划设计

城市道路景观是指在城市道路中由地形、植物、建筑物、构筑物、绿化、小品等组成的各种物理形态。城市道路网是组织城市各部分的"骨架"，也是城市景观的窗口，代表着一个城市的形象。同时，随着社会的发展，人们生活水平的不断提高，人们对精神生活以及周边环境的要求也越来越高，因此相关人员必须重视城市道路的景观规划设计。景观道路的规划布置，往往能够反映出城市的景观面貌和风格。

七、公共设施景观规划设计

公共设施景观是景观规划设计中表现最普遍、最多样化的一种形态，遍布所有生活环境之中。公共设施景观是城市生活中不可或缺的设施，是现代室外环境的一个重要组成部分，有人称其为"城市家具"。公共景观设施具有一定的使用功能，可以直接提供特定功能的服务；公共景观设施还具有装饰功能，是景观规划设计中的重要造型要素，是城市景观的一部分，也是建筑景观的外在延伸。

进行公共设施景观规划设计时，应该以满足使用者的需求为主，在人性化的基础上考虑增加环境视觉美。因此，必须了解设施物的实质特征（如大小、质量、材料、生活距离等）、美学特征（如大小、造型、颜色、质感等）以及机能特征（品质影响和使用机能），并规划不同的设施设计与组合，使造型配置后能够形成一定的品质和感觉，充分发挥其潜能。

第二章 现代景观规划设计的原则与方法

第一节 景观规划设计的原则与理念

一、景观规划设计的原则

(一) 科学性原则

1. 科学性依据与分析

景观设计的科学性原则主要体现在对景观基地客观因子的科学性分析上。景观基地分析的科学依据主要来自设计基地的各类客观自然条件和社会条件，包括该基地的地理条件、水文情况、地方性气候、地质条件、矿物资源、地貌形态、地下水位、生物多样性、土壤状况、花草树木的种植需求和生长规律、区域经济状况、道路交通设施条件等。

对基地条件的分析需要运用到相应的科学技术手段。例如：运用地理信息系统（GIS）技术对基地因子进行数据建模和分析，从而得出土地适宜性的结论；通过对景观类型环境因子的分析，推导出适宜的景观廊道空间；通过对地势地形的三维空间分析及坡度坡向分析，为后期设计布局提供参考等。

此外，多学科的多元性交流，也是景观设计科学性原则的一个重要体现。在景观设计中需要运用到很多交叉学科的知识，包括生态学、建筑学、植物学、人体工程学、环境心理学、市政工程学等。例如：在景观设施的布局与设计上，需要利用人体工程学的知识，充分考虑人在户外活动中的各类适宜尺度；在各类景观空间的营造上，需要运用到环境心理学的知识，根据不同空间给人带来的不同心理感受，去营造与之相匹配、相协调的景观环境和节点。

2. 设计技术规范

景观设计须严格遵守相关国家标准设计规范，这也是设计方案能最终实施的科学性保障。与园林景观设计相关联的行业规范大致可分为绿地园林类、建筑类、城市规划类、道路交通类、工程设施类、电力照明类、环境保护类、文物保护类。其中涉及国家标准法律规范、地方级法律规范、行政法规、技术标准与规范等。

(二) 生态性原则

景观规划应尊重自然，显露生态本色，保护自然景观，注重环境容量的控制，增加生态多样性。自然环境是人类赖以生存和发展的基础，其地形地貌、河流湖泊、绿化植被等要素共同构成了城市的宝贵景观资源。尊重并强化城市的自然生态景观特征，使人工环境与自然生态环境和谐共处，有助于城市特色的创造。

1. 保护、节约自然资源

地球上的自然资源分为可再生资源（如水、森林、动物等）和不可再生资源（如石油、煤等）。要实现人类生存环境的可持续，必须对不可再生资源加以保护和节约使用。即使对可再生资源，也要尽可能地节约使用。

在景观规划设计中要尽可能使用可再生原料制成的材料，尽可能将场地上的材料循环使用，最大限度地发挥材料的潜力，减少生产、加工、运输材料而消耗的能源，减少施工中的废弃物，并且保留当地的文化特点。

2. 生物多样性原则

景观设计是与自然相结合的设计，应尊重和维护生物的多样性。它既是城市人们生存与发展的需要，也是维持城市生态系统平衡的重要基础。尊重和维护生物多样性，包括对原有生物生息环境的保护和新的生物生息环境的创造；保护城市中具有地带性特征的植物群落，包括有丰富乡土植物和野生动植物栖息的荒废地、湿地，以及盐碱地、沙地等生态脆弱地带；保护景观斑块、乡土树种及稳定区域性植物群落。

3. 生态位原则

所谓生态位，即物种在生态系统中的功能作用以及时间与空间中的地位。在有限的土地上，根据物种的生态位原理实行乔、灌、藤、草、地被植被及水面相互配置，并且选择各种生活型（针阔叶、常绿落叶、旱生、湿生、水生等）以及不同高度和颜色、季相变化的植物，充分利用空间资源，建立多层次、多结构、多功能、科学的植物群落，构成一个稳定的长期共存的复层混交立体植物群落。

(三) 美学原则

审美体验是我们从事景观设计的美学基础，景观空间必须具有一定的艺术审美性，使城市形成连续和整体的景观系统。景观审美一方面赋予了城市特有的艺术性质，一方面也须符合美学及行为模式的一般规律，做到观赏与实用并存。

在景观设计中存在三种不同层次的审美价值：表层的形式美、中层的意境美和深层的意蕴美。表层的形式美表现为"格式塔"，是作用于人的感官的直接反映。景观作为客观的存在，在进行主观性审美时，就是通过形式美展现出来的。中层的意境美是统觉、情感和想象的产物，它是通过有限物象来表达无限意象的空间感觉。深层的意蕴美则是人的心灵、情感、经验、体验共同作用的结果。景观作为艺术的终极目的在于意蕴美，其审美机制是景观整体特征与主体心灵图式的同构契合。

（四）文化性原则

园林景观作为城市整体环境中的一部分，无论是人工景观，还是自然环境的开发，都必然要与城市的地域文化产生多方面的联系。景观是保持和塑造城市风情、文脉和特色的重要载体。作为一种文化载体，任何景观都必然地地处特定的自然环境和人文环境，自然环境条件是文化形成的决定性因素之一，影响着人们的审美观和价值取向，同时，物质环境与社会文化相互依存、相互促进，共同成长。

景观设计要体现其文化内涵，首先要秉承尊重地域文化的原则。人们生活在特定的自然环境中，必然形成与环境相适应的生产生活方式和风俗习惯，这种民俗与当地文化相结合形成了地域文化。厘清历史文脉的脉络，重视景观资源的继承、保护和利用，以自然生态条件和地带性植被为基础，将民俗风情、传统文化、宗教、历史文物等融合在景观环境中，使景观具有明显的地域性和文化性特征，产生可识别性和特色性，是景观设计的核心精神。

在进行景观创作及景观欣赏时，必须分析景观所在地的地域特征、自然环境，结合地区的文化古迹、自然环境、城市格局、建筑风格等，将这些特色因素综合起来考虑，入乡随俗、见人见物，充分尊重当地的民族风俗，尊重当地的礼仪和生活习惯，从中抓主要特点，经过提炼，融入景观作品中，这样才能创作出优秀的、舒适宜人的、具有个性且有一定审美价值的公共景观空间作品，才能被当时当地的人和自然接受、吸纳。

（五）以人为本原则

景观设计只有在充分尊重自然、历史、文化和地域的基础上，结合不同阶层人的生理和审美等各类需求，才能体现设计以人为本理念的真正内涵。因此，人性化设计应该是站在人性的角度上把握设计方向，以综合协调景观设计所涉及的深层次问题。

1. 功能性需求

设计过程中的功能性特征是设计受众在长期的生产生活演变过程中所产生的基本性需求的体验。人的行为需要影响并改变着景观环境空间的形式。例如，在一个公园里，我们可以从人们在午间时分享受公园环境的行为上观察出人们对景观和环境的需求和关注点。

"以人为本"的景观设计应当使使用者与景观之间的关系更加融洽，"人为"的景观环境应最大限度地与人的行为方式相协调，体谅人的感情，使人感到舒适愉悦，而不是用空间去限制或强制改变人们喜欢的生活方式和行为模式。

2. 情感需求

"以人为本"的景观设计应满足受众个体的情感需求，这种情感需求不仅要满足受众个体由景观优质的使用功能带来的愉悦、舒适的体验，景观的个性化也须满足他们情感的个性需求。景观的个性化是指一定时空领域内，某地域景观作为人们的审美对象，相对于其他地域所体现出的不同审美特征和功能特征。景观的个性化是一个国家、一个民族和一个地区在特定的历史时期的反映，它体现了某地域人们的社会生活、精神生活以及当地风俗与情趣，在其地域风土上的积累。

3. 心理需求

人们对景观的心理感知是一种理性思维的过程。只有通过这一过程，才能做出由视觉观察得到的对景观的评价，因而心理感知是人性化景观感知过程中的重要一环。

对景观的心理感知过程正是人与景观统一的过程。无论是夕阳、清泉、急雨，还是蝉鸣、竹影、花香，都会引起人的思绪变迁。在景观设计中，一方面，要让人触景生情；另一方面，还要使"情"升为"意"。这时"景"升为"境"，即"境界"，成为感情上的升华，以满足人们得到高层次的文化精神享受的需要。

二、景观规划设计概念的形成

（一）从客观因子推导景观设计方案

从客观因子推导景观设计方案，是指忠于设计基地的客观现实，对场地自然条件、社会条件、文化背景、建设现状等一系列客观数据进行分析得出结论之后做出客观评价，并据此做出符合基地条件及未来需求的设计。

尊重场地，因地制宜，寻求与场地和周边环境密切联系、形成整体的设计理念，是现代园林景观设计的核心思路。一套成熟合理、与场地契合度高的景观设计方案的形成，首先需要设计师用专业的眼光去观察、去认识场地原有的特性，发现它积极的方面并加以引导。其中，发现与认识的过程也是设计的过程。因此说，最好的设计看上去就像没有经过设计一样，其实就是对场地各类景观资源的充分发掘和利用之后达到充分契合的结果。正如布朗所言，每一个场地都有巨大的潜能，要善于发现场地的灵魂。

推导景观设计方案的客观因子主要包括自然生态因子和社会人文因子两大方面。

1. 由生态规划法推导景观设计方案

用生态规划法推导景观设计方案是指以生态为侧重点，利用"适宜度模型"的技术手段，对场地自然地理因素（地质、水文、气候、生态因子等）进行详尽的科学分析，从而判断土地开发规划的最佳布局。

该理论框架和分析模式是 20 世纪 60 年代由"生态设计之父"麦克哈格（Ian Lennox McHarg）正式提出的，他强调：场地的自然生态不仅仅是一个表象和客观解释，而且是一个对未来的指令。在随后出版的《设计结合自然》（*Design with Nature*）中，他正式提出了生态规划的概念，发展了一整套从土地适应性分析到土地利用的方法和技术，即"千层饼模式"，也是图层叠加技术的发展。它是以景观垂直生态过程的连续性为依据，使景观的改变和土地利用方式适用于生态可持续发展的方法。

"千层饼模式"具体是阐述在时间作用下生物因素与非生物因素的垂直流动关系，即根据区域自然环境与资源的性能，通过矩阵、兼容度分析和排序结果来标志生态规划的最终成果，即土地建设、景观生态建设开发适宜程度，从而确保土地的开发与人类活动、场地特征、自然过程的协调一致。

任何场地都是历史、物质和生物过程的综合体。它们通过地质、历史、气候、动植物，甚至场地上生存的人类，暗示了人类可利用的机会和限制。因此，场地都存在某种土地利用的固有适宜性。"场地是原因"，这个场地上的一切活动首先应该去揭示的原因，也就是通过研究物质和生物的演变去揭示场地的自然特性，然后根据这些特性，找出土地利用的固有适宜性，从而达到土地的最佳利用。

"千层饼模式"的理论与方法赋予了景观设计以某种程度上的科学性质，景观规划成为可以经历种种客观分析和归纳的、有着清晰界定的一项工作。麦克哈格的研究范畴集中于大尺度的景观与环境规划上，但对于任何尺度的景观建筑实践而言，自然生态因子都意味着非常重要的信息。

2. 由社会人文因子推导景观设计方案

除了基地的自然生态因子，基地所处的社会环境、地域背景、人文风俗等非物质因素，是推导景观设计方案的另一部分重要考量。如今，城市园林景观设计中出现了很多类似的形态和模式，缺乏特色和辨识度，千篇一律，究其原因就是景观设计缺乏对设计基地社会人文因子的认知和考虑。

首先，人的因素是其他各类因素在景观环境中存在的前提与基础。现代景观在自然进化与人类活动的相互作用中产生，景观设计应当更多地关注人与自然之间存在的关系与感受。在现代景观的设计过程中，并不是一味地对自然进行模仿，而是要充分考虑人对景观环境的需求和适应性。

其次，现代景观设计中要对人文元素的演变、内容，地域、民族的思维方式、审美取向等进行分析。世界观与人生观在思想文化中有着非常重要的地位，起着决定性作用。在设计过程中要避免出现千篇一律的现象，以设计艺术为协调手段实现人文元素在现代景观设计中的融入，实现对历史文脉的延续和保护，从而更好地实现人与自然之间的和谐共处。

（二）从主观意向推导景观设计方案

设计师是景观设计方案的主导者。而设计师作为个体存在，本身是具有强烈的主观色彩的。一套景观设计方案的形成，大部分来自主创人员建立在客观理性判断上的主观引导、构想及意念的渗透。

设计者的主观思想包含其审美倾向、文化认知、心理情绪等。意念渗透主要指设计者对项目方案的主导构想、风格定位、寓意的表达等。

（三）从抽象到具象的设计演变

景观方案构思的过程是一个从无到有的过程，也是一个从抽象逐步具象的过程。在这个过程中，我们会用到一些手段和方法，例如草图构思、模仿、符号演变、联想延展等。

1. 草图构思

在方案概念形成之初，设计师往往会运用草图勾勒最初的雏形和思路，它是表达方案结果最直接的"视觉语言"。在设计创意阶段，草图能直接反映设计师构思时的灵光闪现，它所带来的结果往往是无法预见的，而这种"不可预知性"正是设计原创精神的灵魂所在。

概念草图描绘的过程也是一个发现的过程，它是设计师对物质环境进行深度观察和描绘后提升到对一个未来可能发生的景象的想象和形态的落实。我们通过草图所追求的并非最终的"真实呈现"或"图像"，而是最初的探索和突破，探索新鲜的创意，突破陈旧的模式。

景观设计的概念草图具体可分为结构草图、原理草图和流程草图。结构草图包括平面的布局分区、路网轴线的形态、空间的围合和起伏等，原理草图主要指景观工程原理方面，流程草图包括景观施工流程、植物生长变化过程等。虽然概念草图作为粗略的框架和结构，还有待于进一步论证和调整，但是这种方式在构思的过程中有利于沟通交流、捕捉灵感、自由发挥、不受约束地将想法较明确地表达出来，也非常方便随意修改。

2. 模仿

模仿法的核心在于通过外在的物质形态或者想法和构思来激发设计灵感。使用模仿法构思设计方案，可以大致分为形态模仿、结构模仿和功能模仿。①形态模仿，一般是指平面或立面上的空间景观外在形态呈现出类似某物质形态的状态。例如，北京奥林匹克公园的水系是模仿龙的形态设计的。②结构模仿，在景观设计领域主要体现在对景观物质空间布局或单体构筑空间结构上的模拟。例如，中国古典园林中的"框景""漏窗"，既是一种模仿镜框的造景手法，也是一种景观结构，这种让视线渗透的虚空间结构被广泛地运用在各类园林营造中。③功能模仿，在景观设计中主要是指对于一些景观功能的复制与呈现，例如观赏功能、游憩功能、互动功能、点景功能等。

3. 符号演变

符号是一种特定的媒介物，人们能正常、有效地进行交流，得益于符号的建立和应用。景观符号是一个重要的元素，其基本意义在于传递景观的特定文化意义及相关信息，同时还能够表现出装饰的社会意义及审美意义。

从设计的角度来讲，许多设计方案都来自对某抽象符号的演变与延伸。首先，直接感受到符号在景观设计的表象方面的意义。最典型的方式就是利用平面或立体的方式，将景观之中应用的符号进行物化，让人们在景观之中有非常直观的视觉感受。例如以苏州博物馆为代表的设计方式，就是将一些代表地域特色的民间图案或建筑的营造方式以纹样、浮雕或符号提炼的形式布置在景园中。其次，在景观设计中体验到符号的文化象征寓意。象征功能是认知功能体现的重要方面。象征功能传达出某物"意味着什么"的信息内涵。

将符号引入景观规划与设计时，切忌将符号缺乏创意地拼凑和嫁接，忽略它背后的文化价值和寓意。一定要在对其文化背景和理念深层了解的基础上，将其元素以符合现代审美的形象与所表达的主题相结合，否则会有生搬硬套的肤浅感。还要注意设计中建筑、景观与环境的协调关系。

4. 联想延展

要用联想法进行方案构思，设计师必须具备丰富的实践经验、较广的见识、较好的知识基础及较丰富的想象力。因为联想法是依靠创新设计者从某一事物联想到另一事物的心理现象来产生创意的。

按照进行联想时的思维自由程度、联想对象及其在时间、空间、逻辑上所受到的限制的不同，把联想思维进一步具体化为各种不同的、具有可操作性的具体技法，以指导创新设计者的创新设计活动。

（1）非结构化自由联想

非结构化自由联想是在人们的思维活动过程中，对思考的时间、空间、逻辑方向等方面不加任何限制的联想方法。这种联想方法在解决疑难问题时，新颖独特的解决方法往往出其不意地翩然而至，是长期思考所累积的知识受到触媒的引燃之后，产生灵感所致的。

（2）相似联想

相似联想循着事物之间在原理、结构、形状等方面的相似性进行想象，期望从现有的事物中寻找创新的灵感。

（3）接近联想

接近联想是指创新者以现有事物为思考依据，对与其在时间上、空间上较为接近的物进行联想来激发创意。如相似造型采用不同的材料，从而形成新的形态。

（4）对比联想

对比联想是根据现有事物在不同方面已经具有的特性，向着与之相反的方向进行联想，以此来改善原有的事物，或创造出新事物。运用对比联想法时，最好先列举现有事物在某方面的属性，而后再向着相反的方向进行联想。

第二节　景观物质空间营造方法与风格

一、中国古典园林造园手法

中国古典园林造园技法精湛，以模拟自然山水为精髓，追求"天人合一"的境界。它是东方园林的典型代表，在世界园林史上占有重要的地位。

运用现代空间构图理论对中国古典园林造园术做系统深入的分析，可以将中国古典造园原则归纳为因地制宜、顺应自然、以山水为主、双重结构、有法无式、重在对比、借景对景、延伸空间。具体的营造模式表现为主从与重点、对比与协调、藏与露、引导与示意、疏与密、层次与起伏、实与虚等。

（一）主从与重点

主从原则在中国古典大、中、小园林中都有着广泛的运用。特大型皇家苑囿由于具有一定体量的规模，对制高点的控制力要求很高；大型园林，一般多在组成全园的众多空间中选择一处作为主要景区；对于中等大小的园林来讲，为使主题和重点得到足够的突出，则必须把要强调的中心范围缩小一点，要让某些部分成为重点之中的重点。由此可见，由于规模、地形的区别，不同园区主从原则的具体处理方法不尽相同，主要有以下几种：

1. 轴线处理

轴线处理的方法，是将主体和重点置于中轴线上，利用中轴线对于人视线的引导作用，来达到突出主体景物的目的。最典型的是北海的画舫斋。

2. 几何中心

利用园林区域的几何中心在中小型园林中较为常见，这些园林面积较小且形状较为规则，利用几何中心可以很好地达到突出主体的作用，如作为全园重心的北海的琼华岛。

3. 主景抬高

对于特大型的皇家园林，主体景区必须有足够的体量和气势，增加主景区的高度是常用的方法。其中最典型的是颐和园，万寿山是颐和园中的高地，佛香阁便建立在万寿山上，利用山的高度增强了它作为制高点的控制力。

4. 循序渐进

中国古典文化有欲扬先抑的思想，即通过抑来达到感情的升华。相对而言，配景多采取降低、小化、侧置等方式配置，纳入统一的构图之中，形成主从有序的对比与和谐，从而烘托出主景。

（二）对比与协调

在古典园林中，空间对比的手法运用得最普遍，形式多样，颇有成效，主要通过主与次、小中见大、欲扬先抑等手法来组织空间序列。以大小悬殊的空间对比，求得小中见大的效果；以入口曲折狭窄与园内主要空间开阔的对比，体现欲扬先抑的效果；入口封闭，突出主要空间的阔大；不同形状的空间产生对比，突出园内主要景区等。

拙政园在入口处就明显地运用了这种手法。拙政园的入口做得比较隐蔽，有意隔绝园内与市井的生活。入口位于中园的南面，首先通过一段极为狭窄的走廊之后，到达腰门处，空间上暂时得到放宽，出现一个相对较宽阔的空间，形成一个小的庭园。

（三）藏与露

所谓"藏"，就是遮挡。"藏景"即是指在园林建造、景物布局中讲究含蓄，通过种种手法，将景园重点藏于幽处，经曲折变化之后，方得佳境。

藏景包括两种方法：一是正面遮挡；另一种是遮挡两翼或次要部分而显露其主要部分。后一种较常见，一般多是穿过山石的峡谷、沟壑去看某一对象或是藏建筑于茂密的花木丛中。例如扬州壶园，由于藏厅堂于花木深处，园虽极小，但景和意却异常深远。

所谓"露"，就是表达与呈现。景观的表露也分两种：一种是率直地、无保留地和盘托出；另一种是用含蓄、隐晦的方法使其引而不发，显而不露。传统的造园艺术往往认为露则浅而藏则深，为忌浅露而求得意境之深邃，则每每采用欲显而隐或欲露而藏的手法，把某些精彩的景观或藏于偏僻幽深之处，或隐于山石、树梢之间。

藏与露是相辅相成的，只有巧妙处理好两者关系，才能获得良好的效果。藏少露多谓浅藏，可增加空间层次感；藏多露少谓深藏，可以给人极其幽深莫测的感受。但即使是后者，也必须使被藏的"景"得到一定程度的显露，只有这样，才能使人意识到"景"的存在，并借此产生引人入胜的诱惑力。

（四）引导与示意

一座园林的创作，关键在于引导的处理。引导是一个抽象的概念，它只有与具体景象要素融汇一气，才能体现园林思想与实景内容。引导可以决定诸景象的空间关系，组织景观的更替变化，规定景观展示的程序、显现的方位、隐显的久暂以及观赏距离。

引导的手法和元素是多种多样的，可以借助于空间的组织与导向性来达到引导与示意的目的。除了常见的游廊以外，还有道路、踏步、桥、铺地、水流、墙垣等，很多含而不露的景往往就是借它们的引导才能于不经意间被发现，而产生一种意想不到的结果。例如宽窄各异、方向不一的道路能够引起人们探幽的兴趣，正所谓"曲径通幽"。

示意的手法包括明示和暗示。明示是指采用文字说明的形式，如路标、指示牌等小品。暗示可以通过地面铺装、树木的有规律布置，指引方向和去处，给人以身随景移、"柳暗花明又一村"的感觉。

（五）疏与密

为求得气韵生动，不致太过均匀，在布局上必须有疏有密，而不可平均对待。传统园林的布局恪守这一构图原则，使人领略到一种忽张忽弛、忽开忽合的韵律节奏感。"疏与密"的节奏感主要表现在建筑物的布局以及山石、水面和花木的配置等四个方面。其中尤以建筑布局最为明显，例如苏州拙政园，它的建筑的分布很不均匀，疏密对比极其强烈。拙政园南部以树林小院为中心，建筑高度集中，屋宇鳞次栉比，内部空间交织穿插，景观内容繁多，步移景异，应接不暇。节奏变化快速，游人的心理和情绪必将随之兴奋而紧张。而偏北部区域的建筑则稀疏平淡，空间也显得空旷和缺少变化，处在这样的环境中，心情自然恬静而松弛。

（六）层次与起伏

园林空间由于组合上的自由灵活，常可使其外轮廓线具有丰富的层次和起伏变化，借这种变化，可以极大地加强整体园林立面的韵律节奏感。

景观的空间层次模式可分为三层，即前景、中景与背景，也叫近景、中景与远景。前景与背景或近景与远景都是有助于突出中景的。中景的位置一般安放主景，背景是用来衬托主景的，而前景是用来装饰画面的。不论近景与远景或前景与背景都能起到增加空间层次和深度感的作用，能使景色深远，丰富而不单调。

起伏主要通过高低错落来体现。比较典型的例子是苏州畅园，它本处于平地，但为了求得高低错落的变化，就在园区的西南一角以人工方法堆筑山石，并在其上建一六角亭，再用既曲折又有起伏变化的游廊与其他建筑相连，唯其地势最高，故题名为"待月亭"。

（七）实与虚

实与虚在景观设计中的运用可以起到丰富景观层次、增强空间审美、营造意境的作用。景观园林中的"实"，顾名思义，是在空间范畴内真实存在的景观界面，是一个实际存在的实体。古典园林中的山水、花木、建筑、桥廊等都是所谓的实景。"虚"可以理解成"实"景以外的景观，即视觉形态与其真实存在不一致的一面，它一般没有固定的形态，也可能不存在真实的物体，一般通过视觉、触觉、听觉、嗅觉等去感知，例如光影、花香、水雾等。

虚与实既相互对立又相辅相成，二者是互为前提而存在的，只有使虚实之间互相交织穿插而达到虚中有实、实中有虚，无虚不能显实、无实不能存虚，这样才能使园林具有轻巧灵动的空间。

具体到造园，虚实关系在园区里的具体处理方式包括四种。①虚中有实：用点、线形成虚的面来反映空间层次。如园路边的树阵、景区中轴线上成排的树列、水景边的雕塑小品，都是由点状景观元素经过一定的序列原则组织而成的虚中有实的景观"面"。②虚实相生：虚实相生的景墙，视线通透，如牌坊、建筑架空等，既能合理分隔空间，又能使视线得到延伸。③实中有虚：以实体的围墙面为主，在围墙面上开凿漏窗，不但可以划分空间，还可以使景观得到无限延伸。④实边漏虚：以实体构成围墙面，在四周留一些缝隙，既可使内部景观具有透气感，也可以引导人们的视线进入另一个空间，使得空间得以延伸。

（八）空间序列

空间序列组织是关系到园林的整体结构和布局的全局性问题，要求从行进的过程中能把单个的景连成序列，进而获得良好的动观效果，即"步移景异"。"步移"标志着运动，含有时间变化的因素；"景异"，则指因时间的推移而派生出来的视觉效果的改变。简言之，"步移景异"就是随着人视点的改变，所有景物都改变了原有状态，也改变了相互之间的关系。

园林空间序列具有多空间、多视点、连续性变化的特点。传统园林多半会规定出入口和路线、明确的空间分隔和构图中心，主次分明。一般简单的序列有两段式和三段式，其间还有很多次转折，由低潮提展至高潮，接着又经过转折、分散、收缩到结束。

直接影响空间序列的最根本因素就是观赏路线的组织。园林路线的组织方式大致可归纳如下：

1. 以闭合、环形循环的路线组织空间序列

常用于小型园区。其特点为：建筑物沿周边布置，从而形成一个较大、较集中的单一空间；主入口多偏于一角，设置较封闭的空间以压缩视野，使游人进入园内获得豁然开朗之感；园内由曲廊作为主要的引导，带游人进入园区高潮空间，一览园区全貌，最后由另一侧返回入口，气氛松弛，接近入口时再有小幅度起伏，进而回到起点。

2. 以贯穿形式的路线组织空间序列

空间院落沿着一条轴线依次展开。与宫殿、寺院多呈严格对称的轴线布局不同，园林建筑常突破机械的对称而力求富有自然情趣和变化。最典型的例子如故宫里的乾隆花园，尽管五进院落大体上沿着一条轴线串联为一体，但除了第二进之外其他四个院落都采用了不对称的布局形式。另外，各院落之间还借大与小、自由与严谨、开敞与封闭等方面的对比而获得抑扬顿挫的节奏感。

3. 以辐射形式的路线组织空间序列

以某个空间或院落为中心，其他各空间院落环绕着它的四周布置，人们自园的入口经过适当的引导首先来到中心院落，然后再由这里分别到达其他各景区。

(九) 园林理水

园林理水从布局上看大体可分为集中与分散两种处理形式，从情态上看则有静有动。中小园林由于面积有限，多采用集中用水的手法，水池是园区的中心，沿水池周围环列建筑，从而形成一种向心、内聚的格局；大面积积水多见于皇家苑囿；少数园林采用化整为零的分散式手法把水面分隔成若干相互连通的小块，各空间环境既自成一体，又相互连通，从而具有一种水陆潆洄、岛屿间列和小桥凌波而过的水乡气氛，可产生隐约迷离和来去无源的深邃感。

具体的理水手法包括掩、隔和破。①掩：例如以建筑和绿化将曲折的池岸加以掩映，用以打破岸边的视线局限；或临水布蒲苇岸、杂木迷离，造成池水无边的视觉印象。②

隔：或筑堤横断于水面，或隔水净廊可渡，或架曲折的石板小桥，或涉水点以步石，如此则可增加景深和空间层次，使水面有幽深之感。③破：水面很小时，如曲溪绝涧、清泉小池，可用乱石为岸，怪石纵横、犬牙交齿，并植配以细竹野藤、朱鱼翠藻，那么虽是一洼水池，也令人似有深邃山野风致的审美感觉。

（十）对景与借景

所谓对景之"对"，就是相对之意。我把你作为景，你也把我作为景。在园林中，从甲观赏点观赏乙观赏点，从乙观赏点观赏甲观赏点的构景方法叫作对景。它多用于园林局部空间的焦点部位，一般指位于园林轴线及风景视线端点的景物。多用园林建筑、雕塑、山石、水景、花坛等景物作为对景元素，然后按照疏密相间、左右参差、高低错落、远近掩映的原则布局。

对景按照形式可分为正对和互对。正对是指在道路、广场的中轴线端部布置的景点或以轴线作为对称轴布置的景点；互对是指在轴线或风景视线的两端设景，两景相对，互为对景。对景一般须配合平面和空间布局的轴线来设置。按照轴线布局的形式，对景可分为单线对景、伞状对景、放射状对景和环形对景。

1. 单线对景

单线对景是观赏者站在观赏地点，前方视线中有且只有一处景观，此时构成一条对景视线。单线对景中，观赏点可以在两处景观任意一端的端点，也可以位于两处景观之间。例如拙政园西南方向，是人流相对较为稀疏的地方，塔影亭成功地打破了冷落的气氛，并且距离相对较远，形成纵深感，与留听阁形成一条南北走向的轴线，是非常成功的单线对景处理。

2. 伞状对景

伞状对景是站在观景点向前方看去，在平面展开180°的视野范围内可观赏到两处以上的景观，所以从观景点向前方多个景观点做连线，比如从观景点向景观 A、景观 B 和景观 C 分别发出一条射线，就是一个"伞"形的关系。

例如拙政园的宜两亭，以宜两亭为观景点呈伞状向前方延伸视线，可以观赏鸳鸯馆、与谁同坐轩、浮翠阁、倒影楼、荷风亭这五处风景，景观之间的视线关系在平面图上画出如一把撑开的雨伞的骨架。

伞状对景使得观景者在一点静止不动就可以观赏园内多处景观，所以伞状对景手法比单线对景手法更容易把园内景观充分地联系起来，形成"一点可观多景"的趣味性。

3. 放射状对景

放射状对景是以观景点为中心向东、南、西、北四个方向皆有景可对，观景点处可全方位地观景，通常在园林中心位置或者地势绝佳处可以做出放射状对景的景观形式，形成放射状对景的观景点会以离心形式向四周延伸观赏视线。放射式对景的运用对地形要求很高，一般用于大型园林。

4. 环形对景

南方园林构景常以水池为中心，建筑和景观常围绕在水池四周，所以景观通常形成环形的布局。一景对一景这样呈环形延续下去，彼此之间都形成对景，即环形对景。

环形对景可以配合观赏者脚步的移动，和引景手法相结合，既满足了景观的连续性，即景中有景，每个景观处都可以观景，也可以"被观"，可以给观赏者带来强烈的心理满足感。

借景是中国园林艺术的传统手法。有意识地把园外的景物"借"到园内可透视、感受的范围中来，称为借景。它与对景的区别是它的视廊是单向的，只借景不对景。《园冶》云：园林巧于因借……极目所至，俗则屏之，嘉则收之。这句话讲的是周围环境中有好的景观，要开辟透视线把它借来；如果是有碍观瞻的东西，则要将它屏蔽掉。一座园林的面积和空间是有限的，为了丰富游赏的内容，扩大景物的深度和广度，除了运用多样统一、迂回曲折等造园手法外，造园者还常常运用借景的手法，收无限于有限之中。

借景手法的运用重点是设计视线、把控视距。借景有远借、邻借、仰借、俯借、应时而借之分。借远景之山，叫远借；借邻近的景色叫邻借；借空中的飞鸟，叫仰借；借登高俯视所见园外景物，叫俯借；借四季的花或其他自然景象，叫应时而借。

（十一）框景与隔景

框景，顾名思义，就是将景框在"镜框"中，如同一幅画。利用园林中的建筑之门、窗、洞，廊柱或乔木树枝围合而成的景框，往往把远处的山水美景或人文景观包含其中，四周出现明确界线，产生画面的感觉，这便是框景。有趣的是，这些画面不是人工绘制的，而是自然的，而且画面会随着观赏者脚步的移动和视角的改变而变换。

隔景是将园林绿地分隔为不同空间、不同景区的景物。"俗则屏之，嘉则收之"，其意为将乱差的地方用树木、墙体遮挡起来，将好的景致收入景观中。

隔景的材料有各种形式的围墙、建筑、植物、堤岛、水面等。隔景的方式有实隔与虚隔之分。实隔：游人视线基本上不能从一个空间透入另一个空间，以建筑、山石、密林分隔，造景上便于独创一格。虚隔：游人视线可以从一个空间透入另一个空间，以水面、疏林、廊、花架相隔，可以增加联系及风景层次的深远感。虚实相隔，游人视线有断有续地从一个空间透入另一个空间，以堤、岛、桥相隔或实墙开漏窗相隔，形成虚实相隔。

二、现代景观设计方法

近千年东西方造园的理念及方式方法为现代景观设计提供了深厚的基础和借鉴。较之过去，现代景观设计加入了更多的社会因素、技术因素等，是一个多项工程相互协调的具有一定复杂性的综合型设计。就具体的景观空间营造而言，运用好各种景观设计元素，安排好项目中每一地块的用途，设计出符合土地使用性质、满足客户需要、比较适用的方案须从以下几个方面考虑：

（一）构思与构图

构思是景观设计最重要的部分，也可以说是景观设计的最初阶段。构思首先考虑的是满足其使用功能，充分为地块的使用者创造、规划出满意的空间场所，同时不破坏当地的生态环境，尽量减少项目对周围生态环境的干扰；然后，采用构图及各种手法进行具体的方案设计。构思是一套景观方案的灵魂及主导。首先，构思包含了设计者想赋予该设计地块的文化寓意、美学意念和构建蓝图；其次，它是后期方案设计构架的框架结构；最后，构思是一个须经过客观论证和主观推敲的过程，由此它也成为方案最终能落实的基本保障。

构思的方式多样，每一种都有自己的特色，可以为后期的方案设计提供富有创意的线索。例如，运用设计草图的自由性和灵活性捕捉灵感，运用平面构成的美学原理构建平面和空间造型，运用符号学原理将某一种符号进行空间联想展开，然后运用到实际的景观营造中，对空间进行增减组合等。

构图是要以构思为基础的，构图始终要围绕着满足构思的所有功能来进行。景观设计的构图既包括二维平面构图，也涵盖三维立体构图。简言之，构图是对景观空间的平面和立体空间的整体结构按照构成原理进行梳理，从而形成一定的规律和脉络，也是空间形式美的一种具体表现。

平面构图主要表现在园区内道路、绿地景观、小品等分布的位置以及互相之间的比例关系上；立体构图具体体现在地块内所有实体内容上，尤其是建筑、植物、设施等有高差变化的实体之间形成的空间关系和视廊轴线。两者均按照一定的形式美法则进行排列组合，最终构成有序的景观园林秩序空间。

形式美构图的具体表现形态包括点、线、面、体、质感、色彩等，这些构图方式在景观设计中都得到了充分运用，且具备科学性与艺术性两方面的高度统一。例如，某居住区中心景观区里以休息亭为"点"景，以流动的花架、曲线的道路为"线"，以体量稍大的水景与平台的组合形成"面"的空间。这些既要通过艺术构图原理体现出景观个体和群体的形式美及人们在欣赏景观时所产生的意境美，又要让构景符合人的行为习惯，满足环境心理感受。

点状构图一般是指园区里的单体构筑，有焦点和散点之分。焦点，一般位于横直两条黄金分割线在画面中的交叉位置，在视觉上具有凝聚力，景点就是我们常见的园区里的视觉中心，可以突出表达创作意境；散点，多环绕边缘地带布置或在填充空间的位置，一般给人轻松随意、富有动感的感觉，在空间上有一定的装饰效果。

在景观形式美的营造上，线的运用是关键，线形构图有很强的方向性，垂直线庄重有上升之感，而曲线有自由流动、柔美之感。神以线而传，形以线而立，色以线而明，线的粗细还可产生远近的关系。景观中的线形空间不仅具有装饰美，而且还充溢着一股生命活力的流动美。

景观中的线形空间可分为直线和曲线两种。线会让人产生宁静、舒展的感觉，例如景区里直线道路表现出秩序感和理性，而弧线和弯曲的道路则会增加游人的趣味体验感和空间的活泼感等。

面状构图的相对尺度和体量要大一些，形态多样，或曲或方，或多边形或自由形，给人开阔的感觉，把它们或平铺或层叠或相交，其表现力非常丰富。面状构图不仅可满足游人的休憩活动功能，也可起到聚合零碎空间的作用，例如大面积的水域或者草坪等。

（二）渗透与延伸

在景观设计中，景区之间并没有十分明显的界限，而是你中有我，我中有你，渐而变之。渗透和延伸经常采用草坪、铺地等，起到连接空间的作用，给人在不知不觉中景物已发生变化的感觉，在心理感受上不会"戛然而止"，给人以良好的空间体验。

空间的延伸对于有限的园林空间获得更为丰富的层次感具有重要的作用，空间的延伸意味着在空间序列的设计上突破场地的物质边界，它有效地丰富了场地与周边环境之间的空间关系。不管是古典造园还是现代景观设计，我们都不能将设计思维局限于单向的、内敛的空间格局，内部空间与外部空间之间必要的相互联系、相互作用都是设计中必须考虑的重要问题，它不只是简单的平面布置，更会关系到整体环境的质量，即便是一座仅仅被当作日常生活附件的小型私家花园也应当同周围的环境形成统一的整体。

在通常情况下，空间的边界已经由建筑物及其他实体所确定，它们往往缺乏园林空间所需要的自然的氛围，空间的延伸就是为了改善这种空间的氛围。因此，古代的造园家与现代景观设计师们都运用相同的手法处理基本的景观要素，如山石、植物和小巧精致的构筑物，对现有的场地边界做了精心的处理。这些处理既可以丰富园林本身的"意境"，又使城市的整体功能和环境得到了改观。而场地的分界本身可以由植物或其他天然的屏障构成，使其成为景物的一部分，同时对内部和外部空间起到了美化作用。

（三）尺度与比例

景观空间的尺度与比例主要体现在景观空间的组织、植物配置、道路铺装等方面，具体包括景点的大小与分布、构筑物之间的视廊关系、景观天际轮廓线的起伏、景观设施中的人体工程学尺度等。此外，人观景时的尺度感受也是重点。尺度的主要依据在于人们在建筑外部空间的行为。以人的活动为目的，确定尺度和比例才能让人感到舒适、亲切。

1. 空间组织中的尺度与比例

空间是设计的主要表现方面，也是游人的主要感受场所。能否营造一个合理、舒适的空间尺度，决定着设计的成败。

（1）空间的平面布局

园林景观空间的平面规划在功能目的及以人为本设计思想的前提下，体现出一定的视觉形式审美特点。平面中的尺度控制是设计的基本，在设计时要充分了解各种场地、设施、小品等的尺寸控制标准及舒适度。不仅要求平面形式优美可观，更要具有科学性和实用性。例如 3~4m 的主要行车道路，两侧配置叶木的枝叶在靠近道路 0.6~1.5m 的范围内应按时修建，用于形成较为适当的行车空间。

（2）空间的立体造型

园林景观空间中的立体造型是空间的主体内容，也是空间中的视觉焦点。其造型多样化从视觉审美及艺术性角度而言，首先，要与周围环境的风格相吻合统一；其次，要具备自身强烈的视觉冲击力，使其在视觉流程上与周围景观产生先后次序，在比例、形式等构成方面要具有独特的艺术性。空间的不同尺度传达不同的空间体验感。小尺度适合舒适宜人的亲密空间；大尺度空间则气势壮阔、感染力强，令人肃然起敬。

2. 植物配置中的尺度与比例

（1）植物配置中的尺度

植物配置中的尺度，应从配置方式上体现园林中的植物组合方式，体现出植物造景的视觉艺术性。根据植物自身的观赏特征，采用多样化的组合方式，体现出整体的节奏与韵律感。

孤植、丛植、群植、花坛等植物造景方式都体现出构成艺术性。孤植树一般设在空旷的草地上，与周围植物形成强烈的视觉对比，适合的视线距离为树高的 3~4 倍；丛植运用的是自由式构成，一般由 5~20 株乔木组成，通过植物高低和疏密层次关系体现出自然的层次美；群植是指大量的乔木或灌木混合栽植，主要表现植物的群体之美。种植占地的长宽比例一般不大于 3:1，树种不宜多选。此外，还有树木高度上的尺寸控制问题，或者纵横有致，或者高低有致，前后错落，形成优美的天际轮廓线。

（2）园林中利用植物而构成的基本空间类型

①半开敞空间——少量较大尺度植物形成适当空间。它的空间一面或多面受到较高植物的封闭，限制了视线的穿透。其方向性指向封闭较差的开敞面。

②开敞空间——用小尺度植物形成大尺度空间。仅以低矮灌木及地被植物作为空间的限制因素。

③完全封闭空间——高密度植物形成封闭空间。此类空间的四周均被植物所封闭，具有极强的隐秘性和隔离感，比如配电室、采光井等周围被植物遮蔽，增加隐蔽性和安全性等。

④覆盖空间——高密度植物形成限定空间。利用具有浓密树冠的遮阴树，构成顶部覆盖而四周开敞的空间。利用覆盖空间的高度，形成垂直尺度的强烈感觉。

（3）铺装设计中的尺度概念

铺装的尺度包括铺装图案尺寸和铺装材料尺寸两个方面，两者都能对外部空间产生一定的影响，产生不同的尺度感。

铺装图案尺寸是通过铺装材料尺寸反映的，铺装材料尺寸是重点。室外空间常用的材料有鹅卵石、混凝土、石材、木材等。混凝土、石材等大空间的材料易于创造宽广、壮观的景象，而鹅卵石、青砖等易于体现小空间的材料则易形成肌理效果或拼缝图案的形式趣味。

铺装材料粗糙的质感产生前进感，使空间显得比实际小；铺装材料细腻的质感则产生后退感，使空间显得比实际大。人对空间透视的基本感受是近大远小，因此在设计中把质感粗糙的铺装材料作为前景，把质感细腻的铺装材料作为背景，相当于夸大了透视效果，产生视觉错觉，从而扩大空间尺度感。

（四）质感与肌理

质感是材料本身的结构与组织，属材料的自然属性，质感也是材质被视觉神经和触觉神经感受后经人脑综合处理产生的一种对材料表现特性的感觉和印象，其内容包括材料的形态、色彩、质地等几个方面。肌理是指材料本身的形态和表面纹理，是质感的形式要素，反映材料表面的形态特征，使材料的质感体现更具体，形态和色彩更容易被感知，因此说肌理是质感的形式要素。

在景观空间设计中，营造具有特色的、艺术性强、个性化的园林空间环境，往往需要采用独特性、差异性的不同材料组合装饰。各界面装饰在选材时，既要组合好各种材料的肌理质地，也应协调好各种材料质感的对比关系。

装饰材料的不同质感对景观空间环境会产生不同的影响，例如材质的扩大缩小感、冷暖感、进退感，给空间带来宽松、空旷、亲切、舒适、祥和的不同感受。在景观环境设计中，装饰材料质感的组合设计应与空间环境的功能性、职能性、目的性设计等结合起来考虑，以创造富有个性的园林空间。

（五）节奏与韵律

节奏这个具有时间感的用语，在景观设计上是指以同一视觉要素连续重复时所产生的运动感。韵律原指音乐、诗歌的声韵和节奏。景观空间营造时由单纯的单元组合重复，由有规则变化的形象或色群间以数比、等比处理排列，使之产生音乐、诗歌的旋律感，称为韵律。有韵律的设计构成具有积极的生气，有加强魅力的能量。

韵律与节奏是在园林景观中产生形式美不可忽视的一种艺术手法，一切艺术都与韵律和节奏有关。韵律与节奏是同一个意思，是一种波浪起伏的律动，当形、线、色、块整齐而有条理地重复出现，或富有变化地重复排列时，就可获得韵律感。韵律感主要体现在疏密、高低、曲直、方圆、大小、错落等对比关系的配合上。

景观设计中韵律呈现的表达形式也是多样的，可以分为连续韵律、间隔韵律、交替韵律、渐变韵律等。

1. 连续韵律

连续韵律一般是以一种或几种要素连续重复排列，各要素之间保持恒定的关系与距离，可以无休止地连绵延长，往往可以给人以规整的强烈印象。一般在构图中呈点、线、面并列状态，犹如音乐中的旋律，对比较轻，往往在内容上表现同一物象，并且以相同的规律重复出现。如用同一种花朵，或相同大小的同一色块的连续使用或重复出现。花坛、花台、花柱、篱垣、盆花设计中应用较多，相同形状的花坛，种植相同花卉或相同花色的花卉连续排列，形成整齐划一的效果。

2. 间隔韵律

间隔韵律在构图上表现为有节奏的组合中突然出现一组相反或相对抗的节奏。对比性的节奏可以打破原有节奏的流畅，形成间断，就像音乐旋律中忽然加入一级强音符，从而形成强烈的对比节奏。在花坛、花台、花径、花柱、篱垣、花墙、盆花等装饰应用中运用较多，避免呆板。例如，花坛、植被配置时利用不同结构形态、不同类型的物种，颜色、高度等完全不相近的盆栽间隔摆放，形成既有分隔空间作用但又不至于隔断空间、增强通透性的效果，还能打破一种盆栽的单调、呆板的氛围。

3. 交替韵律

交替韵律与间隔韵律相似，它是运用各种造型因素做有规律的纵横交错、相互穿插等，形成丰富的韵律感。运用形状、大小、线条、色调等多种因素交替变化，产生韵律形式美，规律而又多样。

4. 渐变韵律

渐变韵律是各要素在体量大小、高矮宽窄、色彩深浅、方向、形状等方面做有规律的增或减，形成渐次变化的统一而和谐的韵律感。有规律地增加或减少间隔距离、弯曲弧度、线条长度等，可以形成一种动态变化。这种具有运动旋律的作品的构图，有强烈的动态节奏感。

第三章　现代景观布局设计

第一节　景观布局原则

景观布局的概念：景观是由一个个、一组组不同的景物组成的，这些景物不是以独立的形式出现的，是由设计者把各景物按照一定的要求有机地组织起来的。在景观中把这些景物按照一定的艺术规则有机地组织起来，创造一个和谐完美的整体，这个过程称为景观布局。

人们在游览景观时，在审美要求上是欣赏各种风景，并从中得到美的享受。这些景物有自然的，如山、水、动植物；也有人工的，如亭、廊、榭等各种景观建筑。如何把这些自然的景物与人工景观有机地结合起来，创造出一个既完整又开放的优秀景观景物，这是设计者在设计中必须注意的问题。好的布局必须遵循一定的原则。

一、综合性与统一性

（一）景观的功能决定其布局的综合性

景观的形式是由景观的内容决定的，景观的功能是为人们创造一个优美的休息娱乐场所，同时在改善生态环境上起重要作用，但如果只从这一方面考虑其布局的方法，不从经济与艺术方面的条件考虑，这种功能也是不能实现的。景观设计必须以经济条件为基础，以景观艺术、景观美学原理为依据，以景观的使用功能为目的。只考虑功能，没有经济条件作为保证，再好的设计也是无法实现的。同样在设计中只考虑经济条件，脱离其实用功能，这种景观也不会为人们所接受。因此，经济、艺术和功能这三方面的条件必须综合考虑，只有把景观的环境保护、文化娱乐等功能与景观的经济要求及艺术要求作为一个整体加以综合解决，才能实现创造者的最终目标。

（二）景观构成要素的布局具有统一性

景观构图的素材主要包括地形、地貌、水体和动、植物等自然景观，及建筑、构筑物和广场等人文景观。这些要素中植物是景观中的主体，地形、地貌是植物生长的载体，这二者在景观中以自然形式存在。不经过人为干预的自然要素往往是最原始的产物，其艺术性往往达不到人们所期望的效果，建筑在景观中是人们根据其使用的功能要求出发而创造的人文景观，这些景物必须与天然的山水、植物有机地结合起来并融合于自然中才能实现其功能要求。

以上要素在布局中必须统一考虑，不能分割开来。地形、地貌经过利用和改造可以丰富景观，而建筑道路是实现景观功能的重要组成部分，植物将生命赋予自然，将绿色赋予大地，没有植物就不能成为景观，没有丰富的、富于变化的地形、地貌和水体就不会满足景观的艺术要求。好的景观布局是将这三者统一起来，既有分工又要结合。

（三）起开结合，多样统一

对于景观中多样变化的景物，必须有一定的格局，否则会杂乱无章，既要使景物多样化，有曲折变化，又要使这些曲折变化有条有理，使多样的景物各有风趣，能互相联系起来，形成统一和谐的整体。

在我国的传统景观布局中使用"起开结合"四个字来实现这种多样统一。什么是"起开结合"呢？清朝的沈宗骞在《芥舟学画编》中指出：布局"全在于势，势者，往来顺逆之间，则开合之所寓也。生发处是开，一面生发，即思一面收拾，则处处有结构而无散漫之弊。收拾处是合，一面收拾一面又思生发，则时时留有余意而有不尽之神，……如遇绵衍抱拽之处，不应一味平塌，宜思另起波澜。盖本处不好收拾，当从他处开来，庶棉平塌矣，或以山石，或以林木，或以烟云，或以屋宇，相其宜而用之。必于理于势两无妨而后可得，总之，行笔布局，一刻不得离开合"。这里就要求我们在布局时必须考虑曲折变化无穷，一开一合之中，一面展开景物，一面又考虑如何收合。

二、因地制宜、巧于因借

景观布局除了从内容出发外，还要结合当地的自然条件。我国明代著名的造园家计成在《园冶》中提出"景观巧于因借"的观点，他在《园冶》中指出："因者，随基势之高下，体形之端正……"，"因"就是因势，"借者，园虽别内外，得景则无拘远近""园地惟山林最胜，有高有凹，有曲有深，有峻而悬，有平而坦，自成天然之趣，不烦人事之工，入奥疏源，就低凿水"，"高方欲就亭台，低凹可开池沼"。这种观点实际就是充分利用当地自然条件、因地制宜的最好典范。

（一）地形、地貌和水体

在景观中，地形、地貌和水体占有很大比例。地形可以分为平地、丘陵地、山地、凹地等。在建园时，应该最大限度地利用自然条件，对于低凹地区，应以布局水景为主，而丘陵地区，布局应以山景为主，要结合其地形地貌的特点来决定，不能只从设计者的想象来决定。例如北京陶然亭公园，在新中国成立前为城南有名的臭水坑，电影《城南旧事》中讲的就是这一地区的故事。中华人民共和国成立后，政府为了改善该地区的环境条件，采用挖湖蓄水的方法，把挖出的土方在北部堆积成山，在湖内布置水景，为人们提供一个水上活动场所。这样不仅改造了环境，同时也创造出一个景观秀丽、环境优美的景观景点。如果不是采用这种方法，而是从远处运土把坑填平，虽可以达到整治环境的目的，但不会有今天这样景观丰富的景点。

在工程建筑设施方面应就地取材，同时考虑经济技术方面的条件。景观在布局的内容与规模上，不能脱离现有的经济条件。在选材上以就地取材为主，例如假山置石，在景观中的确具有较高的景观效果，但不能一味追求其效果而不管经济条件是否允许，否则必然造成很大的经济损失。

建园所用材料的不同，对景观构图会产生一定的作用。这是相对的，非绝对的。太湖石可谓置石中的上品，并非必不可少。例如北京北海静心斋的假山所用石材为北京房山所产，广州流花湖公园西苑的假山为当地所产的黄德石等，均属就地取材的成功之例。

（二）植物及气候条件

中国景观的布局受气候条件影响很大。我国南方气候炎热，在树种选择上应以遮阳目的为主；而北方地区，夏季炎热，需要遮阴，冬季寒冷，需要阳光，在树种选择上就应考虑以落叶树种为主。

在植物选择上还必须结合当地气候条件，以乡土树种为主。如果只从景观上考虑，大量种植引进的树种，不管其是否能适应当地的气候条件，其结果必是以失败而告终。

另外，植物对立地条件的适应性必须考虑，特别是植物的阳性和阴性、抗干旱性与耐水湿性等，如果把喜水湿的树种种在山坡上，或把阳性树种种在庇荫环境内，树木就不会正常生长，不能正常生长也就达不到预期的目的。景观布局的艺术效果必须建立在适地适树的基础之上。

景观布局还应注意对原有树木和植被的利用上。一般在准备建造景观绿地的地界内，常有一些树木和植被，这些树木或植被在布局时，要根据其可利用程度和观赏价值，最大限度地组织到构图中去。例如北京朝阳公园中有很多大树为原居住区搬迁后保留下来的，这些大树在改善环境方面起到了很好的效果，它们多数以"孤赏树"的形式存在。如果全部伐去重新栽植新的树木，不但浪费人力、物力、财力，而且也不会很快达到理想的效果。

除此之外，在植物的布局中，还必须考虑植物的生长速度。一般新建的景观，由于种植的树木在短期内不可能达到理想的效果，所以在布局中应首先选择速生树种为主，慢生树种为辅。在短期内，速生树种可以很快形成景观风景效果，在远期规划上又必须合理安排一些慢生树种。关于这一点在居住区绿地规划中已有前车之鉴，一般居住区在建成后，要求很快实现绿化效果，在植物配植上，大面积种植草坪，同时为构图需要，配以一些针叶树，绿化效果是达到了，但没有注意居民对绿地的使用要求，每到夏季烈日炎炎，居民很难找到纳凉之处，这样的绿地是不会受欢迎的。因此，在景观植物的布局中，要了解植物的生物学特性，既考虑远期效果，又要兼顾当前的使用功能。

三、主景突出、主题鲜明

任何景观都有固定的主题，主题是通过内容表现的。植物园的主题是研究植物的生长发育规律，对植物进行鉴定、引种、驯化，同时向游人展示植物界的客观自然规律及人类利用植物和改造植物的知识. 因此，在布局中必须始终围绕这个中心，使主题能够鲜明地反映出来。

在整个景观绿化工作中，绿化固然重要，但必须有重点，美化才能实现其艺术要求。景观是由许多景区组成，这些景区在布局中要有主次之分，主要景区在景观中以主景的形式出现。

在整个景观布局中要做到主景突出，其他景观（配景）必须服从于主景的安排，同时又要对主景起到"烘云托月"的作用。配景的存在能够"相得而益彰"时，才能对构图有积极意义。例如北京颐和园有许多景区，如佛香阁景区、苏州河景区、龙王庙景区等，但以佛香阁景区为主体，其他景区为次要景区。在佛香阁景区中，以佛香阁建筑为主景，其他建筑为配景。

配景对突出主景的作用有两方面：一是从对比方面来烘托主景，例如，平静的昆明湖水面以对比的方式来烘托丰富的万寿山立面；二是从类似方式来陪衬主景，例如西山的山形、玉泉山的宝塔等则是以类似的形式来陪衬万寿山的。

突出主景常用的方法有主景升高、中轴对称、对比与调和、动势集中、重心处理及抑景等，其具体内容见本章第四节内容。

四、景观布局在时间与空间上的规定性

景观是存在于我们现实生活中的环境之一，在空间与时间上具有规定性。景观必须有一定的面积指标作为保证才能发挥其作用。同时景观存在于一定的地域范围内，与周边环境必然存在着某些联系，这些环境将对景观的功能产生重要的影响。例如北京颐和园的风

景效果受西山、玉泉山的影响很大，在空间上不是采用封闭式，而是把园外环境的风景引入到园内，这种做法称为借景。这种做法超越了有限的景观空间。但有些景观在布局中是采用闭锁空间，例如颐和园内的谐趣园，四周被建筑环抱，园内风景是封闭式的，这种闭锁空间的景物同样给人秀美之感。

景观布局在时间上的规定性：一是指景观功能的内容在不同时间内是有变化的，例如景观植物在夏季以为游人提供庇荫场所为主，在冬季则需要有充足的阳光，景观布局还必须对一年四季植物的季相变化做出规定，在植物选择上应是春季以绿草鲜花为主，夏季以绿树浓荫为主，秋季则以丰富的叶色和累累的硕果为主，冬季则应考虑人们对阳光的需求；二是指植物随时间的推移而生长变化，直至衰老死亡，在形态上和色彩上也在发生变化，因此，必须了解植物的生长特性。植物有衰老死亡，而景观应该日新月异。

第二节　景观静态布景

一、静态风景设计

静态风景是指游人在相对固定的空间内所感受到的景观，这种风景是在相对固定的范围内观赏到的，因此，其观赏位置和效果之间有着内在的影响。

在实际游览中，往往是动静结合，动就是游，静就是息，游而无息使人筋疲力尽，息而不游又失去游览的意义。一般景观规划应从动与静两方面要求来考虑。景观规划平面总图设计主要是为了满足动态观赏的要求，应该安排一定的风景路线，每一条风景路线应达到像电影镜头剪辑一样，分镜头（分景）按一定的顺序布置风景点，以使人行其间产生步移景异之感，一景又一景，形成一个循序渐进的连续观赏过程。

分景设计是为了满足静态风景观赏的要求，视点与景物位置不变，如看一幅立体风景画，整个画面是一幅静态构图，所能欣赏的景致可以是主景、配景、近景、中景、侧景、全景甚至远景，或它们的有机结合。设计应使天然景色、人工建筑、绿化植物有机地结合起来，整个构图布置应该像舞台布景一样。好的静态风景观赏点正是摄影和画家写生的地方。

静态风景观赏有时对一些情节特别感兴趣，要进行细部观赏。为了满足这种观赏要求，可以在分景中穿插配置一些能激发人们进行细致鉴赏、具有特殊风格的近景、"特写景"等，如某些特殊风格的植物，某些碑、亭、假山、窗景等。

（一）静态空间的视觉规律

1. 景物的最佳视距

人们赏景，无论动静观赏，总要有个立足点，游人所在位置称为观赏点或视点。观赏点与景物之间的距离，称为观赏视距。观赏视距适当与否对观赏的艺术效果影响甚大。

人的视力各有不同，一般正常人的明视距离为 25~30cm，对景物细部能够看清的距离为 40m 左右，能分清景物类型的视距在 250~300m 左右，当视距在 500m 左右时只能辨认景物的轮廓。因此，不同的景物应有不同的视距。

2. 视域

正常的眼睛，在观赏静物时，其垂直视角为 130°，水平视角为 160°；但能看清景物的水平视角在 45°以内，垂直视角在 30°以内，在这个范围内视距为景宽的 1.2 倍。在此位置观赏景物其效果最佳，但这个位置毕竟是有限的范围，还要使游人在不同的位置观景，因此，在一定范围内须预留一个较大空间，安排休息亭榭、花架等以供游人逗留及徘徊观赏。

景观中的景物在安排其高度与宽度方面必须考虑其观赏视距问题。一般对于具有华丽外形的建筑，如楼、阁、亭、榭等，应该在建筑高度 1 倍至 4 倍的地方布置一定的场地，以供游人在此范围内以不同的视角来观赏建筑。而在花坛设计中，独立性花坛一般位于视线之下，当游人远离花坛时，所看到的花坛面积变小，不同的视角范围内其观赏效果是不同的，当花坛的直径在 9~10m 时，其最佳观赏点的位置在距花坛 2~3m；如果花坛直径超过 10m 时，平面形的花坛就应该改成斜面的，其倾斜角度可根据花坛的尺寸来调整，但一般在 30~60°时效果最佳。例如北京天安门广场的花坛，其直径近百米，且为平面布置，所以这种花坛从空中俯视效果要远比在广场上看到的效果好得多。

在纪念性景观中，一般要求其垂直视角相对要大些，特别是一些纪念碑、纪念雕像等。为增加其雄伟高大的效果，要求视距要小些，且把景物安排在较高的台地上，这样就更增加了其感染力。

（二）不同视角的风景效果

在景观中，景物是多种多样的，不同的景物要在不同的位置来观赏才能取得最佳效果。一般根据人们在观赏景物时其垂直视角的差异，划分为平视风景、仰视风景和俯视风景三类。

1. 平视风景

平视风景是指视线平行向前，游人头部不必上仰下俯，就可以舒服地平望出去而观赏到的风景。这种风景的垂直视角在以视平线为中心的30°范围内，观赏这种风景没有紧张感，给人一种广阔、宁静、深远的感觉且不易疲劳，在空间的感染力特别强。平视风景由于与地面垂直的线条，在透视上均无消失感，故景物高度效果感染力小；而不与地面垂直的线条，均有消失感，表现出较大的差异，因而对景物的远近深度有较强的感染力。平视风景应布置在视线可以延伸到较远的地方。如一般用在安静的休息处、休息亭廊、休疗场所。在景观中常把要创造的宽阔水面、平缓的草坪、开辟的视野和远望的空间以平视的观赏方式来安排。西湖风景的恬静感觉与多为平视景观分不开。

2. 仰视风景

即景物高度很大，视点距离景物很近。一般认为当游人在观赏景物，其仰角大于45°时，由于视线的消失，景物对游人的视觉产生强烈的高度感染力，在效果上可以给人一种特别雄伟、高大和威严感。这种风景在我国皇家景观中经常出现，例如北京颐和园佛香阁建筑群体中，在德辉殿后面，仰视佛香阁时，仰角为62°，使人感到佛香阁特别高大，给人一种高耸入云之感，同时也感到自我的渺小。

仰景的造景方法一般在纪念性景观中常使用。纪念碑、纪念雕塑等建筑，在布置其位置时，经常采用把游人的视距安排在主景高度的1倍以内的方法，不让游人有后退的余地，这是一种运用错觉，使对象显得雄伟的造景方法。

我国在造景中使用的假山也常采用这种方法，为使假山给人一种高耸雄伟的效果，并非从假山的高度上着手，而是从安排视点位置着眼，也就是把视距安排很小，使视点不能后退，因而突出了仰视风景的感染力。因此，假山一般不宜布置在空旷草地的中央。苏州狮子林中的假山将观赏点置于离假山很近的石桥上给游人假山高的错觉。

3. 俯视风景及效果

当游人居高临下，俯视周围景观时，其视角在人的视平线以下，景物也展现在视点下方。60°以外的景物不能映入视域内，鉴别不清时，必须低头俯视，此时视线与地平线相交，因而垂直地面的直线产生向下消失感，故景物愈低就愈显小，这种风景给人以"登泰山而小天下""一览众山小"之感。俯视易造成开阔和惊险的风景效果。这种风景一般布置在景观中的最高点位置，在此位置一般安排亭、廊等建筑，居高临下，创造俯视景观。如泰山山顶、华山几个顶峰、黄山清凉台都是这种风景。

另外，在创造这种风景时，要求视线必须通透，能够俯视周围的美好风景。如果通视条件不好，或者所看到的景物并不理想，这种俯视的效果也不会达到预期的目的。北京某公园原设计一俯视风景，在园内的最高点安排一方亭，但由于周边树木过于高大，从亭内所看到的风景均为绿色树冠所遮挡，无法观赏到园内美好的景观。因此，没有达到预期的目的。

平视、俯视、仰视的观赏，有时不能截然分开，如登高楼、峻岭，先自下而上，一步一步攀登，抬头观看是一组一组仰视景观，登上最高处，向四周平望而俯视，然后一步一步向下，眼前又是一组一组俯视景观。故各种视觉的风景安排，应统一考虑，使四面八方都安排最佳观景点，让人停息体验。

二、开朗风景与闭锁风景的处理

（一）开朗风景

所谓开朗风景是指在视域范围内的一切景物都在视平线高度以下，视线可以无限延伸到无穷远的地方，视线平行向前，不会产生疲劳的感觉。同时可以使人感到目光宏远、心胸开阔、壮观豪放。李白的"登高壮观天地间，大江茫茫去不还""孤帆远影碧空尽，唯见长江天际流"，秦观的"林梢一抹青如画，应是淮流转处山"，正是开敞空间、开朗风景的真实写照。

开朗风景由于人们视线低，在观赏远景时常模糊不清，有时见到大片单调的天空，这样又会使风景的艺术效果变差，因此，在布局上应尽量避免这种单调性。

在很多景观风景中，开朗风景是利用提高视点位置，使视线与地面形成较大的视角来提高远景的辨别率，同时使远景也随之丰富。开朗风景多用于湖面、江湖、海滨、草原以及能登高望远之地。例如我国著名的风景点黄山、庐山、华山、泰山等，由于视点位置高、视界宽阔，成为人们喜爱的风景名胜，正如王之涣《登鹳雀楼》所留下的名句"欲穷千里目，更上一层楼"。

（二）闭锁风景

当游人的视线被四周的树木、建筑或山体等遮挡住时，所看的风景就为闭锁风景。

景物顶部与人视平线之间的高差越大，闭锁性越强，反之则越弱，这也与游人和景物的距离有关，距离越小，闭锁性越强，距离越大，则闭锁性越弱。闭锁风景的近景感染力强，四面景物可琳琅满目，但长时间的观赏又易使人产生疲劳感。闭锁风景多运用于小型庭院、林中空地、过渡空间、曲径或进入开朗风景的开敞空间之前，已达到开合的空间对比。北京颐和园中的谐趣园内的风景均为闭锁风景。

一般在观赏闭锁风景时，仰角不宜过大，否则就会使人感到过于闭塞。另外，闭锁风景的效果受景物的高度与闭锁空间的长度、宽度的比值影响较大，也就是景物所形成的闭锁空间的大小，当空间的直径大于周围景物的高度 10 倍时，其效果较差。一般要求景物的高度是空间直径的 1/6~1/3，游人不必抬头就可以观赏到周围的建筑。如果广场直径过小而建筑过高都会产生一种较强的闭塞感。

在景观中的湖面、空旷的草地等周围种植树木所构成的景观一般多为闭锁风景，在设计时要注意其空间尺度与树体高度的问题。

（三）开朗风景与闭锁风景的对立统一

开朗风景与闭锁风景在景观风景中是对立的两种类型，但不管是哪种风景，都有不足之处，所以在风景的营造中不可片面地追求强调某一风景，二者应是对立与统一的。开朗风景缺乏近景的感染力，在观赏远景时，其形象和色彩不够鲜明；而长久观赏闭锁风景又使人感到疲劳，甚至产生闭塞感。所以景观构图时要做到开朗中有局部的闭锁，闭锁中又有局部的开朗，两种风景应综合应用。开中有合，合中有开，在开朗的风景中适当增加近景，增强其感染力。在闭锁的风景中可以通过漏景和透景的方式打开过度闭锁的空间。

中国的景观多半以水面为中心形成闭合空间。闭合程度以水面大小而异，谐趣园、静心斋、寄畅园、留园、拙政园等都是以水面为中心的闭合空间布置。为了打破闭合空间闭塞感，常用虚隔、漏景等手法处理，如颐和园中的乐寿堂前的四合壁通过靠昆明湖一侧的墙上开一列实景窗与外界空间联系，苏州狮子林中通过曲廊疏透水面的闭合空间与另一个院联系。

在开朗的水滨，可栽植一些孤植树或树丛，增加近景和层次，防止单调、平淡。在闭合的林口或林中空地，宜设疏林漏景，防止过于闭塞。

在景观设计时，大面积的草坪中央可以用孤立木作为近景，在视野开阔的湖面上可以用园桥或岛屿来打破其单调性。著名的杭州西湖风景为开朗风景，但湖中的三潭印月、湖心亭及苏、白二堤等景物增加了其闭锁性，形成了秀美的西湖风景，达到了开朗与闭锁的统一。

第三节　景观动态布景

一、景观空间的展示程序

当游人进入一个景观内，其所见到的景观是按照一定程序由设计者安排的，这种安排的方法主要有三种：

（一）一般程序

对于一些简单的景观，如纪念性公园，用两段式或三段式的程序。所谓两段式就是从起景逐步过渡到高潮而结束，其终点就是景观的主景。例如中国抗日战争纪念馆，从巨型雕塑"醒狮"开始，经过广场，进入纪念馆达到高潮而结束。而三段式的程序是可以分为起景—高潮—结景三个段式。在此期间可以有多次转折。例如颐和园的佛香阁建筑群中，以排云殿主体建筑为"起景"，经石阶向上，以佛香阁为"高潮"，再以智慧海为"结景"，其中主景是在高潮的位置，是布局的中心。

（二）循环程序

对于一些现代景观，为了适应现代生活节奏，而采用多项入口、循环道路系统、多景区划分、分散式游览线路的布局方法。各景区以循环的道路系统相连，主景区为构图中心，次景区起到辅佐的作用。例如北京朝阳公园，其主景区为喷泉广场及相协调的欧式建筑，次景区为原公园内的湖面和一些娱乐设施。北京人定湖公园的次景区为规则式喷泉景点，而主景区为园中大型现代雕塑广场。

（三）专类序列

以专类活动为主的专类景观，其布局有自身的特点。如植物园可以以植物进化史为组景序列，从低等到高等，从裸子植物到被子植物，从单子叶植物到双子叶植物。还可以按植物的地理分布组景，如热带到温带再到寒温带等。

二、风景序列创造手法

（一）风景序列的断续起伏

利用地形起伏变化而创造风景序列是风景序列创造中常用的手法。景观中连续的土山、连续的建筑、连续的林带等，常常用起伏变化来产生景观的节奏。通过山水的起伏，将多种景点分散布置，在游步道的引导下，形成景序的断续发展，在游人视野中的风景，是时隐时现、时远时近，从而达到步移景异、引人入胜的境界。

（二）风景序列的开与合

任何风景都有头有尾、有收有放、有开有合。这是创造风景序列常用的方法，展现在人们面前的风景包含了开朗风景和闭锁风景。北京颐和园的苏州河就是采用这种开与合，为游人创造了丰富的景观。

（三）风景序列的主调、基调、配调和转调

任何风景，如果只有起伏、断续与开合，是难以形成美丽风景的。景观一般都包含主

景、配景和背景。背景是从烘托角度烘托主景，配景则从调和方面来陪衬主景。主景是主调，配景是配调，背景则是基调。在景观布局中，主调必须突出，配调和基调在布局中起到烘云托月、相得益彰的作用。例如北京颐和园苏州河两岸，春季的主调为粉红色的海棠花，油松为基调，而丁香花及一些树木叶的嫩红色及其黄绿色为配调。秋季则以槭树的红叶为主调，油松为基调，其他树木为配调。任何一个连续布局都不可能是无休止的，因此处于空间转折区的过渡树种为转调。转调方式有两种：一种是缓转，主调发生变化，而配调和基调逐渐发生变化，主调在数量上逐渐减少；另一种是急转，主调发生变化，变化为另一树种，而配调和基调之一逐渐减少，最后变为另一树种。一般规则式景观适合用急转，而自然式景观适合用缓转。

三、景观植物的景观序列与季节变化

景观植物是风景景观景物的主体。植物的景观受当地条件与气候的综合作用，在一年中有不同的外形与色彩变化。因此，要求设计者必须对植物的物候期有全面的了解，以便在设计中做出多样统一的安排。从一般落叶树种的叶色来看，春季为黄绿色的，夏季为浓绿色的，而秋季多为黄色或红色的。而一些花灌木的开花时间也是不同的，以北京地区为例，3月下旬迎春、连翘开始开花，4月初开始开花的有桃花、杏花、玉兰等。以后直至6月中旬，开花植物逐渐减少，而紫薇、珍珠梅等正是开花之始。到9月下旬以后就少有开花的树木了，但这时树木的果实、叶色也是最好的观赏期。因此，在种植构图中要注意这种变化，要求做到既有春季的满园春色、夏季绿树成荫，又有秋季硕果累累、霜叶如火的景象。吴自牧在《梦粱录》中是这样描写西湖风景的："春则花柳争妍，夏则荷榴竞放，秋则桂子飘香，冬则梅花破玉，瑞雪飞瑶。四时之景不同，而赏心乐事者与之无穷矣。"这正是对西湖的季相景观做出的评价。

第四节　景观布景设计手法

一、主景与配景

主景是景观绿地的核心，一般一个景观由若干个景区组成，但各景区中，有主景区与次景区之分，每个景区都有各自的主景，而位于主景区中的主景是景观中的主题和重点。景观的主景，按其所处空间的范围不同，一般包含两个方面的含义：一个是指整个园子的主景；另一个是指园子中由于被景观要素分割的局部空间的主景。以颐和园为例，前者全园的主景是佛香阁排云殿一组建筑，后者如谐趣园的主景是涵远堂。配景起衬托作用，像绿叶与红花的关系一样。主景必须突出，配景则必不可少，但配景不能喧宾夺主，能够对主景起到烘云托月的作用，所以主景与配景是相得益彰的。

常用的突出主景的方法有以下几种：

（一）主景升高

为了使构图主题鲜明，常把主景在高程上加以突出。主景抬高，观主景要仰视，可取蓝天远山为背景，主体造型、轮廓突出，不受其他因素干扰。

（二）中轴对称

在规则式景观和景观建筑布局中，常把主景放在总体布局中轴线的终点，而在主体建筑两侧，配置一对或一对以上的配体。中轴对称强调主景的艺术效果是宏伟、庄严和壮丽。

（三）对比与调和

配景经常通过对比的形式来突出主景，这种对比可以是体量上的对比，也可以是色彩上的对比、形体上的对比，等等。例如：景观中常用蓝天作为青铜像的背景；在堆山时，主峰与次峰是体量上的对比；规则式的建筑以自然山水、植物做陪衬，是形体的对比等。

（四）运用轴线和风景视线的焦点

主景前方两侧常常进行配置，以强调陪衬主景，对称体形成的对称轴称中轴线，主景总是布置在中轴线的终点。否则会感到这条轴线没有终结。此外主景常布置在景观纵横轴线的相交点，或放射轴线、风景透视线的焦点上。

（五）空间构图重心处理

主景布置在构图的中心处。规则式景观构图，主景常居于几何中心，而自然式景观构图，主景常布置在自然重心上。如中国传统假山园，主峰切忌居中，就是避免布设在构图的几何中心，而有所偏，但必须布置在自然空间的重心上，四周景物要与其配合。

景观主景或主体如果体形高大，很容易获得主景的效果。但体量小的主景只要位置布置得当，也可以达到主景突出的效果。以小衬大、以低衬高，可以突出主景；同样以高衬低、以大衬小也可以成为主景。如园路两侧，种植高大乔木，面对景观小筑，小筑低矮，反成主景。亭内置碑，碑成主景。

（六）动势集中

一般四面环抱的空间，例如水面、广场、庭院等，周围次要的景色要有动势，趋向一个视线的焦点，主景宜布置在这个焦点上。西湖周围的建筑布置都是向湖心的，因此，这些风景的动势集中中心便是西湖中央的主景孤山，孤山便成了"众望所归"的构图中心。

（七）抑景

中国传统景观的特色是反对一览无余的景色，主张"山重水复疑无路，柳暗花明又一村"的先藏后露的造园方法，这种方法与欧洲景观的"一览无余"形式形成鲜明的对比。

（八）面阳朝向

指屋宇建筑的朝向，以南为好，因我国地处北纬，南向的屋宇条件优越。对其他景观景物来说也是重要的，山石、花木南向，有良好的光照和生长条件，各色景物显得光亮，富有生气、生动活泼。

综上各条，主景是强调的对象，为达到此目的，一般在体量、形状、色彩、质地及位置上都被突出，为了对比，一般都用以小衬大、以低衬高的手法突出主景。但有时主景也不一定体量都很大、很高，在特殊条件下低在高处、小在大处也能取胜，成为主景，如长白山天池就是低在高处的主景。

二、借景、对景与分景

（一）借景

根据景观周围环境特点和造景需要，把园外的风景组织到园内，成为园内风景的一部分，称为借景，"借"也是"造气"。《园冶》中提到借景是这样描写的："园虽别内外，得景则无拘远近，晴峦耸秀，绀宇凌空，极目所至，俗则屏之，嘉则收之。""景观巧于因借，精在体宜。"所以在借景时要达到"精"和"巧"的要求，使借来的景色同本园空间的气氛环境巧妙地结合起来，让园内园外相互呼应汇成一片。

借景能扩大空间、丰富园景、增加变化，按景的距离、时间、角度等，可分以下几种方式：

1. 远借

把远处的园外景物组织进来，所借景物可以是山、水、树木、建筑等。成功的例子很多，如北京颐和园远借西山及玉泉山之塔，避暑山庄借僧帽山磬锤峰，苏州寒山寺登枫江楼可借狮子山、天平山及灵岩峰，拙政园借临近的北四塔入园中，等等。

2. 邻借（近借）

就是把园子邻近的景物组织进来。周围环境是邻借的依据，周围景物，只要是能够利用成景的都可以利用，不论是亭、阁、山、水、花木、塔、庙，如避暑山庄邻借周围的"八庙"；苏州沧浪亭园内缺水，而邻园有河，则沿河做假山、驳岸和复廊，不设封闭围墙，从园内透过漏窗可领略园外河中景色，园外隔河与漏窗也可望园内，园内园外融为一体，就是一个很好的例子。

3. 仰借

即利用仰视所借之景物，借居高之景物，借到的景物一般要求较高大，如山峰、瀑布、高阁、高塔等。

4. 俯借

指利用俯视所借之景物，许多远借也是俯借，登高才能望远，"欲穷千里目，更上一层楼"。登高四望，四周景物尽收眼底，就是俯借。借之景物甚多，如江湖原野、湖光倒景等。

5. 应时而借

即利用一年四季、一日之时，大自然的变化和景物的配合而成。如以一日来说，日出朝霞、晓星夜月，以一年四季来说，春光明媚、夏日原野、秋天丽日、冬日冰雪。就是植物也随季节转换，如春天的百花争艳、夏天的浓荫覆盖、秋天的层林尽染、冬天的树木姿态。这些都是应时而借的意境素材，许多名景都是应时而借成名的，如"琼岛春荫""曲院风荷""平湖秋月""南山积雪""卢沟晓月"等。

（二）对景

位于景观轴线及风景线端点的景物叫对景。对景可以使两个景观相互观望，丰富景观景色，为了观赏对景，要选择最精彩的位置，设置供游人休息逗留的场所作为观赏点。如安排亭、榭、草地等与景相对。景可以正对，也可以互对。正对是为了达到雄伟、庄严、气魄宏大的效果，在轴线的端点设景点。互对是在景观轴线或风景视线两端点设景点，互成对景。互为对景也不一定有非常严格的轴线，可以正对，也可以有所偏离。如颐和园佛香阁建筑与昆明湖中龙王庙岛山的涵虚堂即是。

对景也可以分为：

1. 严格对景

严格对景要求两景点的主轴方向一致，位于同一条直线上。

2. 错落对景

而错落对景比较自由，只要两景点能正面相向，主轴虽方向不一致，但不在一条直线上即可。例如，颐和园内佛香阁与湖心岛上的涵虚堂就属于错落对景，两建筑的轴线不在一条直线上。

（三）分景

我国景观含蓄有致、意味深长，忌"一览无余"，要能引人入胜。所谓"景愈藏，意境愈大。景愈露，意境愈小"。分景常用于把景观划分为若干空间，使之园中有园、景中有景、湖中有岛、岛中有湖。园景虚虚实实，景色丰富多彩，空间变化多样。分景按其划分空间的作用和艺术效果，可分为障景和隔景。

1. 障景（抑景）

在景观绿地中，凡是抑制视线，引导空间屏障景物的手法叫障景。障景可以运用各种不同题材来完成。可以用土山做障，用植物题材的树丛叫树障，用建筑题材做成转折的廊院，叫作曲障等，也可以综合运用。障景一般是在较短距离之间才被发现，因而视线受到抑制，有"山穷水尽疑无路"的感觉，于是改变空间引导方向，而逐渐展开园景，达到"柳暗花明又一村"的境界。即所谓"欲扬先抑，欲露先藏，先藏后露，才能豁然开朗"。

障景的手法是我国造园的特色之一。以著名宅园为例，进了园门穿过曲廊小院或婉转于丛林之间或穿过曲折的小径来到大体瞭望园景的地点，此地往往是一面或几面敞开的厅、轩、亭之类的建筑，便于停息，但只能略窥全园或园中主景。这里把园中美景的一部分只让你隐约可见，但又可望而不可即，使游人产生欲穷其妙的向往和悬念，达到了引人入胜的效果。

障景还能蔽不美观或不可取的部分，可障远也可障近，而障景本身与游客自成一景。

2. 隔景

凡将景观绿地分隔为不同空间、不同景区的手法称为隔景。为使景区、景点有特色，避免各景区的相互干扰，增加园景构图变化，隔断部分视线和游览路线，使隔开的空间"小中见大"。隔景的手法如常用绵延的土岗把两个不同意境的景区划分开来，或同时结合运用一水之隔。划分景区的景物不宜高，二三米挡住视线即可。隔景方法、题材也很多，如树丛、植篱、粉墙、漏墙、复廊等。运用题材不一，目的都是隔景分区，但效果和作用依主体而定，或虚或实，或半虚半实，或虚中有实，实中有虚。简单说来，一水之隔是虚，虽不可越，但可望及；一墙之隔是实，不可越也不可见；疏林是半虚半实；而漏墙是虚中有实，似见而不能越过。

运用隔景手法划分景区时，不但把不同意境的景物分隔开来，同时也使景物有了一个范围，使这个景区与那个不同主题的景区互不干扰，感到各自别有洞天，自成一个单元。而不像没有分隔时那样，有骤然转变和不协调的感觉。

三、框景、夹景、漏景、添景

（一）框景

空间景物不尽可观，或平淡兼有可取之景，则利用门框、窗框、山洞等有选择地摄取空间优美景色，而把不要的隔绝遮住，使主体集中，鲜明单纯，恰似一幅嵌于镜框中的立体美丽画面。这种利用框架摄取景物的手法叫框景。

框景的作用在于把景观绿地的自然美、绘画美与建筑美高度统一于景框之中。因为有简洁的景框为前景，约束了人们游览时分散的注意力，使视线高度集中于画面的主景上，是一种有意安排强制性观赏的有效办法，处理成不经意中的佳景，给人以强烈的艺术感染力。框景务必设计好入框之对景，观赏点与景框应保持适当距离，视中线最好落在景框中心。

（二）夹景

当远景的水平方向视界很宽，但其中又并非都很动人时，为了突出理想的景色，常将左右两侧以树丛、树干、土山或建筑等加以屏障，于是形成左右遮挡的狭长空间，这种手法叫夹景，夹景是运用轴线、透视线突出对景的手法之一，可增加园景的深远感。夹景是一种引导游人注意的有效方法，沿街道的对景。利用密集的行道树来突出，就是这种方法。

（三）漏景

漏景是由框景发展而来，框景景色全观，而漏景若隐若现，有"犹抱琵琶半遮面"的意境，含蓄雅致。漏景不限于漏窗看景，还有漏花墙、漏屏风等。除建筑装饰构件外，疏林树干也是好材料，植物宜高大，树叶不过分郁闭，树干宜在背阴处，排列宜与远景并行。

（四）添景

当风景点与远方的对景之间没有其他中景、近景过渡时，为求主景或对景有丰富的层次感，加强远景"景深"的感染力，常做添景处理。添景可用建筑的一角或建筑小品、树木花卉。用树木做添景时，树木宜高大、姿态宜优美。如在湖边看远景常有几丝柳枝条作为近景的装饰就很生动。

四、点景

我国景观善于抓住每一个景观特点,根据它的性质、用途,结合空间环境的景象和历史,高度概括。常做出形象化、诗意浓、意境深的景观题咏。其形式多样,有匾额、对联、石碑、石刻等,题咏的对象更是丰富多彩,无论景象、亭台楼阁、一门一桥、一山一水,甚至名木古树都可给以题名、题咏。如颐和园万寿山、爱晚亭、花港观鱼、正大光明、纵览云飞、碑林等。它不但丰富了景的欣赏内容,增加了诗情画意,点出了景的主题,给人以艺术联想,还有宣传装饰和导游的作用。各种景观题咏的内容和形式是造景不可分割的组成部分。我们把创作设计景观题咏称为点景手法。它是诗词、书法、雕刻、建筑艺术等的高度综合。如"迎客松""南天一柱""兰亭""知春亭"等。如苏州拙政园四季亭中的"夏亭",亭上"四壁荷花三面柳,半潭秋水一房山"的诗句为其周围景观再添了一笔美意。

同样在拙政园中,建筑风格独特、构思巧妙别致的"梧竹幽居"是一座亭,为中部池东的观赏主景。此亭外围为廊,红柱白墙,飞檐翘角,背靠长廊,面对广池,旁有梧桐遮阴、翠竹生情。亭的绝妙之处还在于四周白墙开了四个圆形洞门,洞环洞,洞套洞,在不同的角度可看到重叠交错的分圈、套圈、连圈的奇特景观。四个圆洞门既通透、采光、雅致,又形成了四幅花窗掩映、小桥流水、湖光山色、梧竹清韵的美丽框景画面,意味隽永。"梧竹幽居"匾额为文征明体。"爽借清风明借月,动观流水静观山"对联为清末名书家赵之谦撰书,上联连用两个借字,点出了人类与风月、与自然和谐相处的亲密之情;下联则用一动一静、一虚一实相互衬托、对比,相映成趣。

五、近景、中景、全景与远景

景色就空间距离层次而言有近景、中景、全景和远景。

近景是近视范围较小的单独风景;中景是目视所及范围的景致;全景是相应于一定区域范围的总景色;远景是辽阔空间伸向远处的景致,相应于一个较大范围的景色。远景可以作为景观开旷处瞭望的景色,也可以作为登高处鸟瞰全景的背景。山地远景的轮廓称轮廓景,晨昏和阴雨天的天际线起伏称为蒙景。合理地安排前景、中景与背景,可以加深景的画面,富有层次感,使人获得深远的感觉。

近景、中景、远景不一定都具备,要视造景要求而定,如要开朗广阔、气势宏伟,近景就可不要,只要简洁背景烘托主题即可。

第四章 公园景观规划设计

第一节 综合园景观规划设计

一、综合性公园的任务

综合性公园除具有城市绿地的一般作用外，还负担如下任务：

（一）游乐休息方面

为增强人们的身心健康设置游览、娱乐、休息设施，要全面考虑不同年龄、性别、职业、爱好、习惯等不同的要求，尽可能使游人各得其所。

（二）政治文化方面

宣传党和国家的方针、政策及有关法规，介绍时事新闻，举办节日游园活动和国际友好活动，为党、团及少先队的组织活动提供场所。

（三）科普教育方面

宣传科学技术的新成就，普及工农业生产知识、军事国防知识，普及科学教育，提高群众科学文化水平。

二、综合性公园规划的原则

1. 贯彻国家在园林绿化建设方面的方针政策及有关法规。

2. 继承和革新我国造园艺术的传统，吸取国外的先进经验，创造功能齐全、设施完备的、有时代特征的新园林。

3. 要表现地方特点和风格。每个公园都要有其特色，避免景观的重复。

4. 依据城市园林绿地系统规划的要求，从全局考虑，尽可能满足人们文化娱乐、观赏、游览活动的需要，设置人们喜爱的项目内容。

5. 充分利用现状及自然条件，有机地组织公园的各个部分。

6. 规划设计中要考虑满足不同的季节、气象状况、早晚时间、观赏地点、观赏角度等各种情况的要求。

7. 规划设计要切合实际，分期规划、分步实施，以便于管理。

综合性公园规划设计时，应注意与周围环境配合，与邻近的建筑群、道路网、绿地等取得密切的联系，使公园自然地融合在城市之中，成为城市园林绿地系统的有机组成部分，而不是一个孤立的园林据点，避免以高高的围墙把公园完全封闭起来的做法。为管理的方便，可利用地形、水体、绿篱、建筑等综合手段将公园与周围环境隔离。如苏州沧浪亭，以水为界，达到城市空间与园林空间的互相渗透。公园周围的建筑物亦要考虑园林的因素，例如在中国古典园林的近旁修建高层的现代建筑，这种不协调的建筑风格往往会影响园景的自然气氛及造景的效果。因此，在城市规划中应对公园，特别是古典园林的周边环境予以充分考虑，使公园内外环境协调一致。

三、综合性公园出入口的规划

（一）出入口位置的规划

公园出入口的位置选择是公园规划设计中一项重要内容，它影响到游人是否能方便快捷地进出公园，影响到城市道路的交通组织与街景，还影响到公园内部的规划结构、分区和活动设施的布置。

公园可以有一个主要出入口，一个或若干个次要出入口及专用出入口。主要出入口的位置应设在城市居民来往的主要方向及有公共交通的地方，要在城市主要道路上，但要避免设在对外过境交通的干道上。如上海长风公园，原来设计的主要出入口为一号门，但现在离公共交通站点较远，出入的人流反比二号门少。确定出入口位置时，还应考虑公园内用地情况，配合公园的规划设计要求，使出入口有足够的人流集散用地，与园内道路联系方便，符合导游路线的意图。主要出入口尽可能接近主要功能区或主景区，次要出入口是辅助性的，为附近局部地区居民服务，设于人流来往的次要方向，还可以设在公园内有大量集中人流集散的设施附近，如设在园内的表演厅、展览馆、露天剧场和大型活动场地等项目附近。

主要出入口和次要出入口的内外都须设置游人集散广场，目的是缓解人流、疏导交通。园门外广场要大一些，园门内广场可小一些。附近设有停车场时，则出入口附近要设汽车停车场和自行车停车棚。现有公园出入口广场的大小差别较大，最小长宽不能小于12m×6m，以（30~40m）×（10~20m）的居多。

(二) 出入口的类型

1. 主要出入口

位于人流主要来源方向和主要公共交通道路附近。

2. 次要出入口

位于居住区附近和城市次要道路附近。

3. 专用出入口

是根据公园管理工作的需要设置的。它是由公园园务管理区、动物区、花圃、苗圃、餐厅等直接通向园外，专为杂务管理的需要而使用的出入口，不供游人使用。

4. 无障碍出入口的规划

专为残疾人通行设置的出入口，一般结合公园其他出入口设置，采用礓磜的形式。

(三) 出入口的内容规划

出入口内容的规划应按公园面积、性质、内容而设置，一般包括园门建筑、售票处、收票处、小卖部、休息廊，还可以有服务部，包括问询处、公用电话亭、寄存处、租借处（照相机、旅行工具、雨具、生活用品等）、值班室、办公室、导游图、图片陈列栏、宣传画廊等。在出入口广场上还可设置水池、花坛、草地、雕塑、山石等园林小品。此外，在考虑机动车和自行车停放时要规划一定面积的停车场地。

四、综合性公园的景色分区

公园景观可分为自然景观与人造景观。在规划时可将景观进行适当分类，划分成相应景区，便于游人有目的地选择游览内容。景色分区要使公园的风景与功能要求相配合，增强功能要求的效果；但景色分区不一定与功能分区的用地范围完全一致，有时也需要交错布置，形成同一功能区中有不同的景色，使观赏园景能有变化、有节奏、生动多趣，以不同的景色给游人以不同情趣的艺术感受。如上海虹口公园鲁迅墓，以浓郁的树木围构幽静的空间，以规则布置的道路场地、平台和雕像形成平易近人而又庄严肃穆的景区，增强纪念敬仰的效果。在这以外的娱乐区，又是一种轻松的气氛，不同景区的感受丰富了游人的观赏内容。

公园功能区的划分，除功能明确的区域外，还应规划出一些过渡区域，这些区域的规划起到承上启下的作用，同时又使公园的空间活跃，产生节奏和韵律。公园中常见的景色分区：

(一) 按景区视觉和心理感受划分

1. 开朗的景区

开阔的视野、宽广的水面、大片的草坪，都往往能形成开朗的景观。如上海中山公园的大草坪、长风公园的银锄湖、北京紫竹院公园的大湖基本是大片开阔的地段，都是游人集中活动的景区。

2. 雄伟的景区

利用挺拔的植物、陡峭的山形、耸立的建筑等形成雄伟庄严的气氛。如南京中山陵大石阶和广州起义烈士陵园的主干道两旁植常绿大树，使人们的视线集中向上，利用仰视景观，使游人在观赏时，生产巍峨壮丽的、肃然起敬的感受。

3. 安静的景区

利用四周封闭而中间空旷的环境，造成宁静的休息条件，如林间隙地、山林空谷等。常常在有一定规模的公园里设置，使游人能安宁地休息观赏。

4. 幽深的景区

利用地形的变化、植物的蔽隐、道路的曲折、山石建筑的障隔和联系，造成曲折多变的空间，达到幽雅深邃的境界。如北京颐和园的后湖、镇江焦山公园的后山，有峰回路转、曲径通幽的景象。

(二) 按围合方式划分的景区

这种景区本身是公园的一个局部，但又有相对的独立性，如锡惠公园的寄畅园、颐和园的谐趣园、杭州西湖的三潭印月。园中之园、岛中之岛、水中之水，借外景的联系而构景的山外山、楼外楼，都属此类景区。

(三) 按季相特征划分的景区

扬州个园的四季假山；上海龙华植物园的假山园，以樱花、桃花、紫荆等为春岛的春色，以石榴、牡丹、紫薇等为夏岛风光，以红枫、槭树供秋岛观红叶，以松柏为冬岛冬景；武汉青山公园的岛中岛，以春夏秋冬四岛联成，秋岛居中，冬岛为背景，衬托观赏面朝外的春岛与夏岛；无锡蠡园的四季亭，临水相对，以植物的季相变化衬托四季的特点，垂柳、碧桃突出春景，棕榈、荷花等突出夏景，菊花、桂花、枫树、槭树突出秋景，红梅、绿梅、天竹、蜡梅突出冬景。这些都是利用植物花、果、枝、叶的季相变化的特点，组织景区的风景特色。

（四）按不同的造园材料和地形为主体构成的景区

1. 假山园

以人工叠石，构成山林，如上海豫园的黄色大假山、苏州狮子林的湖石假山、广州的黄蜡石假山。

2. 岩石园

利用自然林立的或人工的山石或岩洞构成游览的风景。

3. 水景园

利用自然的或模仿自然的河、湖、溪、瀑，人工构筑的规则形的水池、运河、喷泉、瀑布等水体构成的风景。

4. 山水园

山石水体互相配合、组织而成的风景。

5. 沼泽园

以沼泽地形的特征显示的自然风光。

6. 花草园

以多种草或花构成的百草园、百花园、药草园或突出某一种花卉的专类园，如牡丹、芍药、月季、菊花等类的花园。

7. 树木园

以浓荫大树组成的密林，具有森林的野趣，可作为障景、背景使用。以枝叶稀疏的树木构成的疏林，能透过树林看到后面的风景，增加风景的层次，丰富景色。以古树为主也可构成风景。还可以在某一地段环境中突出某一种树木而构成风景，如梅园、牡丹园、月季园、紫竹院、雕塑园、盆景园等。

以虫、鱼、鸟、兽等动物为主要观赏对象也可以构成景区，如金鱼池、百鸟馆、花港观鱼等。另外，还有文物古迹、历史事迹的景区，如碑林、大雁塔、中山堂、大观园等。

五、公园的艺术布局

公园的布局要有机地组织不同的各个景区，使各景区间既有联系而又有各自的特色，全园既有景色的变化又有统一的艺术风格。

公园的景色，要考虑其观赏的方式，何处是以停留静观为主，何处是以游览动观为主。静观要考虑观赏点、观赏视线，往往观赏与被观赏是相互的，既是观赏风景的点，也是被观赏的点。动观要考虑观赏位置的移动要求，从不同的距离、高度和角度，在不同的时间、天气和季节，可观赏到不同的景色。公园景色的观赏要组织导游路线，引导游人按观赏程序游览。景色的变化要结合导游线来布置，使游人在游览观赏的时候，产生一幅幅有节奏的连续风景画面。导游线常用道路广场、建筑空间和山水植物的景色来吸引游人，按设计的艺术境界循序游览，可增强造景艺术效果的感染力。如要引导游人进入一个开阔的景区时，先使游人经过一个狭窄的地带，使游人从对比中更加强了对这种艺术境界的感受。导游线应该按游人兴致曲线的高低起伏来组织，由公园入口起，即应设有较好的景色，吸引游人入园。如某园的大门外，透过方池，可看到部分水景，起引景的作用，以吸引游人。从进入公园起即应以导游线串联各个园景，逐步引人入胜，到达主景进入高潮，并在游览结束前以余景提高游兴，使得游人产生无穷的回味，离园时留下深刻的印象。导游线的组织是公园艺术布局的重要设计内容。

公园的景色布点与活动设施的布置，要有机地组织起来，在公园中有构图中心。在平面布局上起游览高潮作用的主景，常为平面构图中心；在主体轮廓上起观赏视线焦点作用的制高点，常为立面构图中心。平面构图中心与立面构图中心可以分为两处。杭州的花港观鱼，以金鱼池为平面构图中心，以较高的牡丹亭为立面构图中心。平面构图中心与立面构图中心也可以合二为一。

平面构图中心的位置，一般设在适中的地段，较常见的是由建筑群、中心广场、雕塑、岛屿、"园中园"及特殊的景点组成。

立面构图中心较常见的是由雄峙的建筑和雕塑、耸立的山石、高大的古树及标高较高的景点组成的，如颐和园以佛香阁为立面构图中心。立面构图中心是公园立体轮廓的主要组成部分，对公园内外的景观都有很大的影响，是公园内观赏视线的焦点，是公园外观的主要标志，也是城市面貌的组成部分。

公园立体轮廓的构成是由地形、建筑、树木、山石、水体等的高低起伏而形成的，常是远距离观赏的对象及其他景物的远景。在地形起伏变化的公园里，立体轮廓必须结合地形设计，填高挖低，造成有节奏、有韵律、层次丰富的立体轮廓。在地形平坦的公园中，可利用建筑物的高低、树木树冠线的变化构成立体轮廓。公园中常利用园林植物的外形及色彩等的变化种植成树林，形成在平面构图中具有曲折变化的、层次丰富的林缘线。在立面构图中，具有高低起伏、色彩多样的林冠线，增加公园立体轮廓的艺术效果，造园时也常以人工挖湖堆山，造成具有层次变化的立体轮廓。公园里以地形的变化形成的立体轮廓，相比建筑、树林等形成的立体轮廓，其形象效果更显著，但为了使游人的群众活动有足够的平坦用地，起伏的地段或山地不宜过多，应适当集中。

公园规划布局的形式有规则的、自然的与混合的三种。规则的布局强调轴线对称，多用几何形体，比较整齐，布置均有规律，有庄严、雄伟、开朗的感觉。当公园设置的内容需要形成这种效果，并且有规则地形或平坦地形的条件，适于用这种布局的方式，如北京中山公园、天坛公园。自然的布局是完全结合自然地形、原有建筑、树木等现状的环境条件或按美观与功能的需要灵活布置，可有主体和重点。但无一定的几何规律，有自由、活泼的感觉。在地形复杂、有较多不规则的现状条件的情况下，采用自然式比较适合，可形成富有变化的风景视线，如上海长风公园、南京白鹭洲公园。混合的布局是部分地段为规则式，部分地段为自然式，在用地面积较大的公园内常采用，可按不同地段的情况分别处理。如在主要出入口处及主要的园林建筑地段采用规则的布局，安静游览区则采用自然的布局，以取得不同的园景效果，如北京东单公园。

六、综合性公园规划设计程序

1. 了解公园规划设计的任务情况。建园的审批文件、征收用地及投资额、建设施工的条件（技术力量、人力、施工的机械和建筑材料供应情况）。

2. 了解公园用地在城市规划中的地位及其与其他用地的关系。

3. 收集公园用地的历史、现状及自然资料。

4. 研究分析公园用地内外的景观情况。

5. 依据设计任务的要求，考虑各种影响因素，拟订公园内应设置的项目内容与设施，并确定其规模大小。

6. 进行公园规划，确定全园的总布局，计算工程量，编制造价概算，安排分期建设的计划。

7. 公园规划经申报审批同意后，可进行各内容和各个地段的详细规划与设计。

8. 绘制局部详图，包括园林工程设计与施工图、建筑设计与施工图、结构设计与施工图，并编制预算及写出文字说明。

规划设计的步骤根据公园面积的大小、工程的复杂程度，可按具体情况增减。如公园面积很大，则须先有总体规划；如公园规模不大，则公园规划与详细设计可结合进行。

园林建设与其他工程建设相比有较大的灵活性，特别是自然式的公园规划，在施工过程中调整规划与设计必不可少，因此在施工放样时，对规划设计结合地形的实际情况须校核、修正和补充。地形处理时的土方工程，在施工后须进行地形测量，以便复核整形。有些园林工程内容，如叠石、大树的种植等，除在设计中安排外，在施工过程中还须根据现场实际情况，如山石的石形、石质、石理、石色、大树的高低姿态等进行现场设计。

七、公园规划设计的内容

规划设计的各个阶段都有一整套设计图纸、分析计算图表与文字说明。图纸的比例要考虑现有地形图比例的因素，按需要表达的内容而定。施工详图阶段为了将细部做法表达清楚，常用较大的比例。

（一）现状分析

对公园用地的情况进行调查研究和分析评定，为公园规划设计提供基础资料。包括的内容：

1. 公园在城市中的位置，附近公共建筑及停车场地情况，游人的主要人流方向、数量及公共交通的情况，公园外围及园内现有的道路广场情况，如性质、走向、标高、宽度、路面材料等。

2. 当地多年积累的气象资料，包括每月最低、最高及平均气温、水温、湿度、降雨量，和历年最大暴雨量、冰冻层、每月阴天日数、风向和风力等。

3. 用地的历史沿革和现在的使用情况。

4. 公园规划范围界线，周围红线及标高，园外环境景观的分析、评定。

（5）现有园林植物，古树、大树的品种、数量、分布、高度、覆盖范围、地面标高、质量、生长情况、姿态及观赏价值的评定。

（6）现有建筑物和构筑物的立面形式、平面形状、质量、高度、基地标高、面积及使用情况。

（7）园内及公园外围现有地上地下管线的种类、走向、管径、埋置深度、标高和柱杆的位置高度。

（8）现有水面及水系的范围，水底标高，河床情况，常水位，最高及最低水位，历史上最高洪水位的标高，水流的方向，水质及岸线情况，地下水的常水位及最高、最低水位的标高，地下水的水质情况。

（9）现有山峦的形状、坡度、位置、面积、高度及土石的情况。

（10）地貌、地质及土壤情况的分析评定，地基承载力，抗震强度，内摩擦角度，塑性指数，土壤坡度的自然安息角度。

（11）地形标高坡度的分析评定。

（12）风景资源与风景视线的分析评定。

（二）综合性公园总体规划

确定整个公园的总布局，对公园各部分做全面的安排。常用的图纸比例为1：1000或1：2000。包括的内容：

（1）公园的范围，公园用地内外分隔的设计处理与四周环境的关系，园外借景、障景的分析和设计处理。

（2）计算用地面积和游人量，确定公园活动内容、须设置的项目、设施的规模、建筑面积和设备要求。

（3）确定出入口位置，并进行园门布置和安排汽车停车场、自行车停车棚的位置。

（4）根据公园活动内容的功能分区，进行活动项目和设施的布局，确定园林建筑的位置和组织建筑空间。

（5）景色分区，按各种景色构成不同风景造型的艺术境界来进行分区。

（6）公园河湖水系的规划，水底标高、水面标高的控制，水上构筑物的设置。

（7）公园道路系统、广场硬地的布局及组织导游线。

（8）规划设计公园的艺术布局，安排平面的及立面的构图中心和景点，组织风景视线和景观空间。

（9）地形处理，竖向规划，估计填挖土方的数量、运土方向和距离，进行土方平衡。

（10）园林工程规划。包括护坡、驳岸、挡土墙、围墙、水塔、水工构筑物、变电所、厕所、化粪池、消防用水、灌溉和生活给水、雨水排水、污水排水、电力线、照明线、广播通信线等管网的布置。

（11）植物群落的分布，树木种植规划，制订苗木计划，估算树种规格与数量。

（12）公园规划设计意图的说明，土地使用平衡表，工程量计算，造价概算，分期建园计划。

（三）详细设计

在全园规划的基础上，对公园的各个地段及各项工程设施进行详细的设计，常用的图纸比例为 1∶500 或 1∶100。包括的内容：

（1）主要出入口、次要出入口和专用出入口的设计，包括园门建筑、内外广场、服务设施、园林小品、绿化种植、市政管线、室外照明、汽车停车场和自行车停车棚等的设计。

（2）各功能区的设计，包括各区的建筑物、室外场地、活动设施、绿地、道路广场、园林小品、植物种植、山石水体、园林工程、构筑物、管线、照明等的设计。

（3）园内各种道路的走向、纵横断面、宽度、路面材料及做法、道路中心线坐标及标高、道路长度及坡度、曲线及转弯半径、行道树的配置、道路透景视线。

（4）各种园林建筑初步设计方案，包括平面、立面、剖面、主要尺寸、标高、坐标、结构形成、建筑材料和主要设备。

（5）各种管线的规格、管径尺寸、埋置深度、标高、坐标、长度、坡度或电杆灯柱的位置、形式、高度、水电表位置、变电或配电间、广播室位置、广播喇叭位置、室外照明方式和照明点位置、消防栓位置。

（6）地面排水的设计，包括分水线、汇水线、汇水面积、明沟或暗管的大小、线路走向、进水门和客井位置。

（7）土山、石山设计，包括平面范围、面积、坐标、等高线、立面、立体轮廓、叠石的艺术造型。

（8）水体设计，包括河湖的范围、形状、水底的土质处理、标高、水面控制标高、岸线处理。

（9）各种建筑小品的位置、平面形状、立面形式。

（10）植物种植的设计。依据树木种植规划，对公园各地段进行植物配置，常用的图纸比例为1：500或1：200。包括的内容：

①树木种植的位置、标高、品种、规格、数量。

②树木配植形式。包括平面、立面形式及景观，乔木与灌木、落叶与常绿、针叶与阔叶等树种的组合方式。

③蔓生植物的种植位置、标高、品种、规格、数量、攀缘与棚架情况。

④水生植物的种植位置、范围、水底与水面的标高，以及品种、规格、数量。

⑤花卉的布置。花坛、花境、花架等的位置、标高、品种、规格、数量。

⑥花卉种植排列的形式。图案排列的式样，自然排列的范围与疏密程度，不同的花期、色彩、高低、草本与木本花卉的组合形式。

⑦草地的位置、范围、标高、地形坡度、品种。

⑧园林植物的修剪要求，自然的与整形的形式。

⑨园林植物的生长期，速生与慢生品种的组合，在近期与远期需要保留、疏伐与调整的方案。

⑩植物材料表。包括植物的品种、规格、数量和种植日期。

（四）施工详图

按详细设计的意图，对部分内容和复杂工程进行结构设计，制定施工图纸与说明。常用的图纸比例为1：100、1：50或1：20，包括的内容：

（1）给水工程，包括水池、水闸、泵房、水塔、水表、消防栓、灌溉用水的水龙头等的施工详图。

（2）排水工程，包括雨水进水口、管渠、明沟、客井及出水口的铺饰，厕所、化粪池的施工图。

（3）供电及照明，包括电表、配电间或变电所、电杆、灯柱、照明灯等施工详图。

（4）广播通信，包括广播室施工图、广播喇叭的装饰设计。

（5）煤气管线、煤气表具。

（6）废物收集处和废物箱的施工图。

（7）护坡、驳岸、挡土墙、围墙、台阶等园林工程的施工图。

（8）叠石、雕塑、栏杆、踏步、说明牌、指示路牌等小品的施工图。

（9）道路广场硬地的铺饰及回车道、停车场的施工图。

（10）园林建筑、庭院、活动设施及场地的施工图。

（五）编制预算及说明书

对各阶段布置内容的设计意图、经济技术指标、工程的安排等用图表及文字形式说明，内容包括：

（1）公园建设的工程项目、工程量、建筑材料、价格预算表。

（2）园林建筑物、活动设施及场地的项目、面积、容量表。

（3）公园分期建设计划。要求在每期建设后，在建设地段能形成园林的面貌，以便分期投入使用。

（4）建园的人力配备。包括工种、技术要求、工作日数量和工作日期。

（5）公园概况、在城市园林绿地系统中的地位、公园四周情况等的说明。

（6）公园规划设计的原则、特点及设计意图的说明。

（7）公园各个功能分区及景色分区的设计说明。

（8）公园的经济技术指标、游人量、游人分布、每人用地面积及土地使用平衡表、各种设施和植物材料的类别及数量统计。

（9）公园施工建设程序。

（10）公园规划设计中要说明的其他问题。

为了表现公园规划设计的意图，除绘制平面图、立面图、剖面图外，还可绘制轴侧投影图、鸟瞰图、透视图和制作模型，以便更形象地表现公园的设计。

第二节　专类园景观规划设计

一、植物园

植物园创造适于多种植物生长的良好的立地环境条件，具有体现植物多姿多彩艺术风格和特点的功能，设立植物科普展览区和相应的科研实验区。专类植物园以展出具有明显地域性特征或重要意义的植物为主要内容。盆景园以展出各种盆景为主要内容，我国著名的植物园有北京植物园、上海植物园、杭州植物园、华南植物园、海南热带作物植物园、西双版纳热带植物园等。

（一）植物园的基本任务

植物园是以植物科学研究为主，以引种驯化、栽培实验为中心，培育和引进国内外优良品种，不断发掘扩大野生植物资源在农业、园艺、林业、医药、环保、园林等方面应用的综合研究机构。同时植物园还担负着向人们普及植物科学知识的任务。这类植物世界的博物馆，既可作为中小学生植物学的教学基地，也是有关团体参观实习的场所。除此之外，植物园还应为广大人民群众提供游览和休息的地方。配置的植物要丰富多彩，风景要像公园一样优美。

当然要全面完成上述任务，只能是针对规模较大的综合性植物园而言。而一般性植物园，由于规模、任务、属性不尽相同，对完成上述任务总会有所侧重，尤其是一些大专院校、机关团体所属的植物园，往往只是一个活的植物标本栽植地而已。

（二）植物园规划内容

综合性植物园主要分两大部分，即以科普为主，结合科研与生产的展览区，和以科研为主，结合生产的苗圃试验区。此外还有职工生活区。

1. 科普展览区

目的在于把植物世界的客观自然规律，以及人类利用植物、改造植物的知识展览出来，供人们参观学习。主要内容如下：

（1）植物进化系统展览区

该区是按照植物进化系统分目、分科布置，井然有序地反映出植物由低级到高级的进化过程，使参观者不仅能得到植物进化系统的概念，而且对植物的分类、各种属特征也有个概括的了解。但是往往在系统上相近的植物，对生态环境、生活因子要求不一定相近，在生态习性上能组成一个群落的植物，在分类系统上又不一定相近，所以在植物配置上只能做到大体上符合分类系统的要求，即在反映植物分类系统的前提下，结合生态习性要求和园林艺术效果进行布置。这样做既有科学性，又切合客观实际，容易形成较完美的公园外貌。

（2）经济植物展览区

经过搜集以后认为大有前途，经过栽培试验确属有用的经济植物才栽入本区展览，为农业、医药、林业以及园林结合生产提供参考资料，并加以推广。布置一般按照用途分区，如药用植物、纤维植物、芳香植物、油料植物、淀粉植物、橡胶植物、含糖植物等，并以绿篱或园路为界。

（3）抗性植物展览区

随着工业高速发展，也导致环境污染，不仅危害人们的身体健康，就是对农作物、渔业等也有很大的损害。植物具有吸收氟化氢、二氧化硫、二氧化氮、氯等有害气体的能力，早已被人们所了解，但是其抗有毒物质的强弱、吸收有毒气体的能力大小，常因树种不同而不同。这就必须进行研究、试验，培育出对大气污染物质有较强抗性和吸收能力的树种，按其抗毒物质的类型、强弱，分组移植本区进行展览，为园林绿化选择抗性树种提供可靠的依据。

（4）水生植物区

根据植物有水生、湿生、沼泽生等不同特点，喜静水或动水的不同要求，在不同深浅的水体里或山石涧溪之中布置成独具一格的水景，既可普及水生植物方面的知识，又可为游人提供良好的休息环境。但是水体表面不能全然为植物所封闭，否则水面的倒影和明暗的变化等都会被植物掩盖，影响景观，所以经常要用人工措施来控制其蔓延。

（5）专类园

把一些具有一定特色、栽培历史悠久、品种变种丰富、具有广泛用途和很高观赏价值的植物加以收集，辟为专区集中栽植，如山茶、杜鹃、月季、玫瑰、牡丹、芍药、荷花、棕榈、槭树等，任何一种都可形成专类园。也可以由几种植物根据生态习性、观赏效果等加以综合考虑配置，能够收到更好的艺术效果。杭州植物园中的槭树、杜鹃园以配置杜鹃、槭树为主，槭树树形、叶形都很美观，杜鹃一树千花、色彩艳丽，两者相配衬以置石，便可形成一幅优美的画面。但是它们都喜阴湿环境，故以山毛榉科的常绿树为上木，槭树为中木，杜鹃为下木，既满足了生态习性要求，又丰富了垂直构图的艺术效果。园中辟有草坪，建有凉亭，供游人休息，十分优美。

（6）温室展览区

把一些不能在本地区露地越冬，必须有温室设备以满足对温度的要求，才得以正常生长发育的植物展出，供游人观赏，谓之温室展览区。为了适应体形较大的植物生长和游人观赏的需要，温室的高度和宽度都远远超过繁殖温室。温室展区体形庞大、外观雄伟，是植物园中的重要建筑。

温室面积的大小，与展览内容多少、品种体形大小以及园址所在的地理位置等因素有关。譬如，北方天气寒冷，进温室的品种必然多于南方，所以温室面积就要比南方的大一些。

至于植物园设几个科普展览区为好，应结合当地实际情况而定。杭州植物园位于西湖风景区，设有观赏植物区、山水园林区；庐山植物园在高山上，辟有岩石园；广东植物园位于亚热带，所以设有棕榈区等。这些都是结合地方特点而设立的。

2. 苗圃及试验区

苗圃及试验区，是专供科学研究和结合生产用地，为了避免干扰，减少人为破坏，一般不对群众开放，仅供专业人员参观学习。主要部分如下：

（1）温室区

主要用于引种驯化、杂交育种、植物繁殖、储藏不能越冬的植物以及其他科学实验。

（2）苗圃区

植物园的苗圃包括实验苗圃、繁殖苗圃、移植苗圃、原始材料圃等。用途广泛，内容较多。

用地要求地势平坦、土壤深厚、水源充足、排水方便，地点应靠近实验室、研究室、温室等。用地要集中，还要有一些附属设施，如荫棚、种子和球根储藏室、土壤肥料制作室、工具房等。

3. 职工生活区

植物园多数位于郊区，路途较远，为了方便职工上下班，减少市区交通压力，植物园应修建职工生活区，包括宿舍、饭堂、托儿所、理发室、浴室、锅炉房、综合服务商店、车库等。布置同一般生活区。

（三）植物园的位置与面积

1. 植物园位置的确定

（1）要有方便的交通，离市区不能太远，游人易于到达，这样才有利于科普工作。但是应该远离工厂区或水源污染区，以免植物遭到污染而发生大量死亡。

（2）为了满足植物对不同生态环境、生活因子的要求，园址应该具有较为复杂的地形、地貌和不同的小气候条件。

（3）要有充足的水源，最好具有高低不同的地下水位，既方便灌溉，又能解决引种驯化栽培的需要。就丰富园内景观来说，水体也是不可缺少的因素。

（4）要有不同的土壤条件、不同的土壤结构和不同的酸碱度。同时要求土层深厚，含腐殖质高，排水良好。

（5）园址最好具有丰富的天然植被，供建园时利用，这对加速实现植物园的建设是个有利条件。

2. 植物园用地面积的确定

植物园的用地面积，是由植物园的性质与任务、展览区的数量、收集品种多少、国民经济水平、技术力量情况以及园址所在位置等综合因素所确定的。从国内这些年的实践经验来看，一般综合性植物园的面积（不包括水面）以 55~150hm² 比较合宜。当然一切事物都不是一成不变的，因此在做总体规划时，应该考虑到将来有发展的可能性，留有余地，暂时不用的土地可以缓征或征后作为单位生产基地。

（四）植物园规划的要求

1. 首先明确建园目的、性质与任务。

2. 决定植物园的分区与用地面积，一般展览区用地面积较大，可占全园总面积的 40%~60%，苗圃及实验区用地占 25%~35%，其他用地占 25%~35%。

3. 展览区须面向群众开放，宜选用地形富于变化、交通方便、游人易于到达的地方。另一种偏重科研或游人量较少的展览区，宜布置在稍远的地点。

4. 苗圃试验区，是进行科研和生产的场所，不向群众开放，应与展览区隔离，但是要与城市交通线连接，并设有专门出入口。

5. 确立建筑数量及位置。植物园建筑有展览用建筑、科学研究用建筑及服务性建筑三类。

（1）展览用建筑：包括展览温室、大型植物博物馆、展览荫棚、科普宣传廊等。展览温室和植物博物馆是植物园的主要建筑，游人比较集中，应位于重要的展览区内，靠近主要入口或次要入口，常构成全园的构图中心。科普宣传廊应根据需要，分散布置在各区内。

（2）科学研究用建筑：包括图书资料室、标本室、试验室、人工气候室、工作间、气象站等。苗圃的附属建筑还有繁殖温室、繁殖荫棚、车库等。布置在苗圃试验区内。

（3）服务性建筑：包括植物园办公室、招待所、接待室、茶室、小卖店、食堂、休息亭廊、花架、厕所、停车场等，这类建筑的布局与公园情况类似。

（五）道路系统与广场

道路系统与广场的布局与公园有许多相似之处，一般分为三级。

1. 主干道 4~7m，主要是方便园内交通运输，引导游人进入各主要展览区与主要建筑物，并可作为整个展览区与苗圃试验区，或几个主要展览区之间的分界线和联系纽带。

2. 次干道 2.5~3m，是各展览区的主要道路，不通汽车，必要时可供小汽车通行。它把各区中的小区或专类园联系起来，多数又是这些小区或专类园的界线。

3. 游步道 1.5~2m，是深入到各小区内的道路，一般交通量不大，方便参观者细致观赏各种植物，也方便日常养护管理工作，有时也起分界线作用。

道路系统不仅起着联系、分隔、引导作用，同时也是园林构图中一个不可忽视的因素。我国几个大型综合性植物园的道路设计，除入园主干道有采用林荫大道，形成浓荫夹道的气氛外，多数采用自然形式布置。由于主干道担负方便交通运输的任务，所以对坡度应有一定的控制，而其他两级道路都应充分利用原地形起伏变化，因势利导，形成峰回路转、起伏变化、步移景异的效果。道路的铺装、图案花纹的设计应与周围环境相互协调、配合，纵横坡度一般要求不严，但应该以平整、舒服、不积水为准。

广场多设在主要出入口和大型建筑物前游人比较集中的地方，供群众聚散、停车、回车等用。广场的形式和大小，可根据使用需要和构图要求进行规划。

（六）植物种植设计

除与一般公园种植设计相同外，还要特别突出其科学性、系统性。由于植物的种类丰富，完全有条件满足按生态习性要求进行混合，为充分发挥园林构图艺术提供了丰富的物质基础。展览区是科普的场所，因此所种的植物应方便游人观赏。

植物园除种植乔灌木、花卉以外，其他所有裸露地面都应铺设草坪，一方面，可供游人活动休息；另一方面，也可作为将来增添植物的预留地，同时也丰富了园林自然景观。草地面积一般占总种植面积的 20%~30% 为宜。

（七）植物园的排灌工程

植物园的植物种植丰富，要求生长健壮良好，养护条件要求较高，因此在总体规划的同时，必须做出排灌系统规划，保证旱可浇，涝可排。一般利用地势起伏的自然坡度或暗沟，将雨水排入附近的水体中为主，但是在距离水体较远或者排水不顺的地段，必须敷设雨水管辅助排水。一切灌溉系统（除利用附近自然水体外），均以埋设暗管供水为宜，避免明沟纵横，破坏园林景观。整个管线采用自动控制，实行喷灌、滴灌、加湿喷雾等多种方式。

二、动物园

动物园具有适合动物生活和生存的良好环境，具有游人参观、休息、科普的设施，具有安全、卫生隔离的设施和绿带，饲料加工场以及动物医院等设施。检疫站、隔离场和饲料基地一般不设在园内。我国较为大型的动物园有北京动物园、上海动物园、杭州动物园等。专类动物园以展出具有地区性或独具类型特点的动物为主要内容，如水族馆、海洋馆等。动物园一般位于交通便捷、风景优美的郊区。可以分为传统动物笼养和现代自由放养两种方式。后者面积较大，动物的活动范围和生活方式类似于自然生态环境。

（一）动物园的性质与任务

动物园是集中饲养、展览和科研种类较多的野生动物或附有少数优良品种家禽家畜的公共绿地。它不同于动物处在野生状态下的地区，如动物自然保护区（或称禁猎区），也不同于以推广畜牧业先进生产经验为主要目的而展览畜禽优良品种的地方，如农业展览馆和农村流动展览场，更不同于作为文化娱乐流动表演的马戏团。

动物园，首先要满足广大群众的游览观赏的需要，同时要以生动的方式普及动物科学知识，配合有关部门进行科学研究。以上三项任务之间的比重是因园而变的，一般全国性大型动物园宣教和科研任务较重。

1. 普及动物科学知识，使游人认识动物，知道世界尤其是中国动物资源的丰富，了解动物概况，包括珍贵动物以及动物与人的利害关系、经济价值等。

2. 作为中小学生的直观教材和动物专业学生的实习基地，帮助他们丰富动物学知识，掌握动物形态学、生态学、分类学、生理学、饲养学等。

3. 研究动物的驯化和繁殖、病理和治疗法、习性和饲养学，并进一步揭示动物变异进化的规律，创造新品种，使动物为人类服务。尤其是在现代空间科学技术迅速发展的今天，动物已经成为探索太空必不可少的试验品。

4. 宣传我国与外国的动物交换与赠送活动，增进国际友谊。

（二）动物园的分类与用地规模

1. 动物园的分类

（1）根据用地规模和品种规模分类

①全国性大型动物园。如北京动物园、上海动物园、广州动物园等，每个动物园规划展出品种达 600 多种，用地面积在 60hm² 以上。

②综合性中型动物园。如哈尔滨动物园、西安动物园、成都动物园，规划展出品种400 种左右，用地面积宜在 15~60hm²。

③特色性中型动物园。如杭州、南宁等省会城市动物园，以展出本省、本地区特产动物为主，展出品种宜在 200 种左右，用地面积宜在 60hm²以内。

④小型动物园。指附设在综合性公园内的动物展览区，如南京玄武湖菱州动物园、上海杨浦公园动物展览区等，展出品种在 200 种以下，用地面积在 15hm² 以下。

（2）根据规划构景风格分类

①自然式。如杭州动物园依山就势布置动物笼舍，造成各种适应动物自然环境的景观；大连野生动物园也是采用这种布局形式。

②建筑式。如苏州城东公园动物展览区，动物笼台均系建筑式，自然绿化用地少，是利用昌善局改建而成。

③混合式。兼有自然式和建筑式的特点，如北京动物园。

④模拟天然动物园。这类动物园用地面积大，可达数百公顷，动物散养，人乘车在园中观赏动物，给游人以身临其境的感觉，如秦皇岛天然动物园。

2. 动物园的用地规模

动物园用地规模的大小取决于下列因素：城市的大小及性质、动物园的类型、动物品种与数量、动物笼舍的营造形式、全园规划构景风格、自然条件、周围环境及动物饲料来源、经济条件，等等。

用地规模的确定依据：

（1）保证足够的动物笼舍面积，包括动物活动、饲料堆放、管理参观面积。

（2）在分类、分组、分区布置时，各组、各区之间应有适当距离的绿化地段。

（3）给可能增加的动物和其他设施预留足够的用地，在规划布局上应有一定的机动性。

（4）游人活动和休息设施的用地。

（5）办公管理、服务设施的用地。有的还要考虑饲料生产基地的用地。

（三）用地选择

动物园的园地用地应考虑公园的适当分工，根据城市绿地系统来确定。

在地形方面，由于动物种类繁多，而且来自不同的生态环境，故地形宜高低起伏，要有山岗、平地、水面、良好的绿化基础和自然风景条件。

在卫生方面，动物时常会狂吠吼叫或发出恶臭，并有通过疫兽、粪便、饲料等传染疾病的可能，因此动物园最好与居民区有适当的距离，并且位于下游、下风地带。园内水面要防止城市污水的污染，周围要有卫生防护地带，该地带内不应有住宅、公共福利设施、垃圾场、屠宰场、动物加工厂、畜牧场、动物埋葬地等。此外，动物园还应有良好的通风条件，保证园内空气清新，减少疾病的发生。

在交通方面，动物园客流量较集中，货物运输量也较多，如果动物园位于市郊，更须注意交通联系。一般停车场和动物园的入口宜在道路一侧，较为安全。停车场应与动物园入口广场隔开。

在工程方面，应有充分的水源和良好的地基，地下无流沙现象，便于建设动物笼舍和开挖隔离沟或水池，并有经济而安全地供应水电的条件。

动物园用地宜选择在地形形式较丰富（即有山地、平地、谷地、池沼、湖泊等自然风景条件）的地段。

为满足上述要求，通常大中型动物园都选择在城市郊区或风景区内。如：上海动物园，离静安区商业中心7~8km；南宁市动物园位于西北部，离市中心5km；杭州动物园在西湖风景区，与虎跑风景点相邻；哈尔滨虎林园地处松花江北岸，与市区隔水而望。有些综合性公园内规划有动物展览区，只适合饲养一些小型动物或人工驯养的动物。

（四）动物园总体规划

1. 动物园总体规划的内容

大型综合性动物园各组成部分和布局概略如下：

（1）宣传教育、科学研究部分。是全国科普科研活动中心，主要由动物科普馆组成，一般布置在出入口地段，交通方便、场地开阔。

（2）动物展览部分。由各种动物笼舍组成，占有最大的用地面积。

（3）服务休息部分。包括休息亭廊、接待室、饭馆、小卖部、服务站等。这部分不能过分集中，应较均匀地分布于全园，便于游人使用，因而往往与动物展览部分混合毗邻。

（4）经营管理部分。包括饲料站、兽疗所、检疫站、行政办公室等，宜设在隐蔽偏僻处，并要有绿化隔离，但要与动物展览区、动物科普馆等有方便的联系。要有专用出入口，以便运输和对外联系，有的动物园将兽疗所、检疫站设在园外。

（5）职工生活部分。为了避免干扰和卫生防疫，一般在动物园附近另设一区。

（6）隔离过渡部分。规划一定宽度的隔离林带，一方面，可以提高公园的绿化覆盖率，形成过渡空间；另一方面，可以减少疾病的传播。

动物园规划除考虑以上分区外，起着决定性作用的就是动物展览顺序的确定。

从动物园的任务要求出发，我国绝大多数动物园规划都突出动物的进化顺序，即由低等动物到高等动物，由无脊椎动物—鱼类—两栖类—爬行类—鸟类—哺乳类。在这个前提下，结合动物的生态习性、地理分布、游人爱好、地方珍贵动物、建筑艺术等做局部调整。在规划布置中还要争取有利的地形安排笼舍，以利动物饲养和参观，形成由数个动物笼舍组合而成的既有联系又有绿化隔离的动物展览区。

此外，由于特殊条件的要求，也可以有以下的展览顺序：

按动物地理分布安排。即按动物生活的地区，如欧洲、亚洲、非洲、美洲、大洋洲等安排，有利于创造不同景区的特色，给游人以明确的动物分布概念，但投资大，不便管理。

按动物生态安排。即按动物生活的环境，如水生、高山、疏林、草原、沙漠、冰山等安排。这种布置对动物生长有利，园容也生动自然，但人为创造这种景观很不容易。

按游人爱好、动物珍贵程度、地区特产动物安排。如大熊猫是四川的特产，我国的珍奇动物之一，成都动物园就突出熊猫馆，将其安排在入口附近主要地位。再如，一般游人较喜爱猴、猿、狮、虎，也有将它们布置在主要位置的。

动物展览部分一般分为3~4个区，即鱼类（水族馆、金鱼馆等）、两栖爬虫类、鸟类（游禽、鸣禽、猛禽等）、哺乳类（为便于饲养管理，又可分为食肉类、食草类和灵长类）。有的动物园缺鱼类。个别动物园还可展出无脊椎动物，如昆虫等，可结合在两栖爬虫馆或动物科普馆中展出。

动物园往往需10~20年才能基本建成，因此必须遵循总体规划、分期建设、全面着眼、局部着手的原则，并要有科学观点、艺术观点和生产观点。

2. 动物园布局的要求

（1）要有明确的功能分区。做到不同性质的交通互不干扰，但又有联系，达到既便于动物的饲养、繁殖和管理，又能保证动物的展出和便于游客的参观休息。

（2）要使主要动物笼舍、公共建设与出入口广场和导游线有良好的联系，以保证使全面参观和重点参观的游客均很方便。一般动物园道路与建筑的关系有三种基本形式：

①串联式：建筑出入口与道路一一连接，无选择参观动物的灵活性，适于小型动物园。

②并联式：建筑在道路的两侧，需次级道路联系，便于车行和选择参观，但如规划导游路线不良，参观时易遗漏或难以找到少数笼舍，适于大中型动物园。

③放射式：从入口或接待室起可直接到达园内主要各区或笼舍，适于目的性强、时间短暂的对象，如国内外宾客及科研人员等参观。

采用何种道路形式，通常视实际情况而定，可以采取上述某一种形式或是几种形式结合起来。

（3）动物园的导游线是建议性的，绝非展览会路线那样强制。设置时应以景物引导，符合人行习惯（一般逆时针靠右走）。园内道路可分为主要导游路（主要园路）、次要导游路（次要园路）、便道（小径）、园务管理、接待等专用道路。主要道路或专用道路要能通行消防车，便于运送动物、饲料和尸体等。道路路面必须便于清洁。

（4）动物园的主体建筑应该设置在面向主要出入口的开阔地段上，或者在主景区的主要景点上，也可能在全园的制高点以及某种形式的轴线上。广州动物园是将动物科普馆设置在出入口广场的轴线上。

应该重视动物科普馆的建设与作用，馆内可设标本室、解剖室、化验室、研究室、宣传室、阅览室，也可进行电化宣传，如放映幻灯电影的小会堂，并负责在园内组织生动活泼的动物表演。

笼舍布置宜力求自然，可采用以下几种方式。分散与集中相结合，如鸣禽，攀禽，雉鸡，游禽，涉禽，走禽，小猛兽，狮，虎，黑、白、棕熊，象，长颈鹿，河马，可分别适当集中。游步与观览相结合，如当人们游步在上海西郊公园天鹅湖沿岸时，既可观赏湖面景色，又可观赏沿途鸳鸯、涉禽、游禽。闹与静相结合，鸣禽可布置在水边树林中，创造鸟语花香一框一景的诗情画意，如杭州动物园鸣禽馆。大连野生动物园的笼舍沿山坡而建，更显自然、灵活，与自然融为一体。

服务休息设施有良好的景观，有的动物园将其布置在中部，与动物展览区有方便的联系，如成都动物园。厕所、服务站等还可结合在主要动物笼舍建筑内，方便游客使用。园内通常不设立俱乐部、剧院、音乐、溜冰场等，以防妨碍动物夜间休息和瘟疫的传染。服务设施应采取大集中、小分散的布局原则，园内设一个服务中心和若干个服务点。

（5）动物园四周应有砖石围墙、隔离沟或林墙，并要有方便的出入口及专用出入口，以防动物逃出园外，伤害人畜，保证发生火灾时安全疏散。

（五）动物笼舍建筑设计要求

动物笼舍建筑有三个基本组成部分。

动物活动部分：包括室内外活动场地、串笼及繁殖室。

游人参观部分：包括进厅、参观厅或参观廊，直至露天参观道路。

管理与设备部分：包括管理室、储藏室、饲料间、燃料堆放场、设备间、锅炉间、厕所、杂院等。

如按其展览方式分，可有室内展览、室外展览、室内外展览三种。

动物笼舍建筑形式可分为建筑式、网笼式和自然式。

自然式笼舍即在露天布置动物室外活动场，其他房间则作隐蔽处。并模仿动物自然生活环境，布置山水和绿化，考虑动物不同的弹跳、攀缘等习性，设立不同的围墙、隔离沟、安全网，将动物放养其内，自由活动。这种笼舍能反映动物的生活环境，适于动物生长，增加宣教效果，提高游人的兴趣，但用地较大，有时投资也高，如广州动物园河马池。

建筑式笼舍是以动物笼舍建筑为主体，适用于不能适应当地气候和生活条件或者在饲养时需特殊设备的动物，如天津水上公园熊猫馆。有些中小型动物园为节约用地和节省投资，大部分笼舍采用建筑式。

网笼式笼舍是将动物活动范围以铁丝网和铁栅栏相围，如上海西郊公园猛禽笼。它适于终年室外露天展览的禽鸟类或作为临时过渡性的笼舍。

动物笼舍是多功能性建筑，必须满足动物生活习性、饲养管理和参观展览方面的要求，而其中动物的习性是起决定性作用的，包括对朝向、日照、通风、给排水、活动器具、温度、湿度等的要求。如大象热天怕热、冷天怕冷，因而只能供室内外季节性展览。室外活动场须设水池，供其洗澡。冬季室内却需暖气装置或采用保暖围墙和窗门等。

保证安全是动物笼舍设计的主要特点，要使动物与人、动物与动物之间适当隔离，使动物之间不自相残杀殴斗或传染疾病，铁栅栏的间距和铁丝网孔眼的大小要适当，防止动物伤人。要充分估计动物跳跃、攀缘、飞翔、碰撞、推拉的最大威力，避免动物越境外逃。

动物笼舍的建筑设计还必须因地制宜，与地形紧密结合，创造动物原产地环境气氛，笼舍的造型尚须考虑展出动物的体形和反映动物的性格。如鸟类笼舍应玲珑轻巧，大象、河马笼舍则应厚实稳重，熊舍要粗壮有力，鹿苑宜自然质朴，长颈鹿馆的造型可应用高直的线条与其体形相呼应。在色调上要善于和周围环境协调，以淡色为主，以和绿化水面构成对比。但以上多样形式的建筑造型，其风格调子务必求得统一协调。

（六）动物园绿化规划

自然式动物园绿化的特点是模仿营造中国以至世界各种动物的自然生态环境，包括植物、气候、土壤、水、地形、地势等。所以绿化布置首先要解决异地动物生活环境的创造或模拟；其次，要配合总体布局，把各种不同环境组织在同一园内，适当地联系过渡，形成一个统一完整的群体。

绿化布置的主要内容有动物园分区与地段绿化，道路场地绿化，动物笼舍绿化；卫生防护林带、饲料场、苗圃等。

首先，在绿化布置上可采用中国传统的"园中有园"的布置方式，将大中型动物园同组或同区动物地段以及城市综合性公园中的动物展览区（或称"小动物园"）视为具有相同内容的"小园"，在各"小园"之间以过渡性的绿带、树群、水面、山厅等隔离之。其次，也可采用专类园的方式。如：展览大、小熊猫的地段可布置高山竹岭，栽植各品种的竹丛，既能反映熊猫的生活环境，又可观赏休息；大象、长颈鹿产于热带，可构成棕榈园、芭蕉园、椰林的景色。最后，也可采用四季园的方式，将植物依生长季节区分为春夏秋冬各类，并视动物产地（温带、热带、寒带）而相应配植，叠山理水，以体现该种动物的气候环境。当然也可在同一地段种植四季花果，供观赏和饲料之用，如猴山种植以桃为主的花果树为宜。

植物材料可选择该种动物生活环境中的品种，其中有些必定是动物的饲料，这对经济和观赏都有利；另外，也要考虑园林的诗情画意，如孔雀与牡丹、狮虎与松柏、相思鸟与相思树（又名红豆树）等。

笼舍环境的绿化要强调背景的衬托作用，尤其是具有特殊观赏肤色的动物更是如此，如梅花鹿、斑马、东北虎等。同时还要防止动物对树木的破坏，可将树木保护起来。

园内还可适当布置动物雕塑和动物形式的儿童游戏器械等建筑小品，以增风趣。

三、纪念性公园

纪念性公园又称历史名园，是指具有悠久历史、知名度高的园林，往往属于全国、省、市、县级的文物保护单位。为保护或参观使用而设置相应的防火设施、值班室、厕所及水电等工程管线，建设和维护不能改变文物原状。我国北京颐和园、苏州拙政园、扬州个园等都是历史名园，其中颐和园、拙政园等是联合国教科文组织认定的世界文化遗产。

四、体育公园

体育公园是指有较完备的体育运动及健身设施，供各类比赛、训练及市民的日常休闲健身及运动之用的专类公园。

（一）体育公园的面积指标及位置选择

体育公园不是一般的体育场，除了完备的体育设施以外，还应有充分的绿化和优美的自然景观，因此一般用地规模要求较大，面积应在 $10 \sim 50 \text{hm}^2$ 为宜。

体育公园的位置宜选在交通方便的区域。由于其用地面积较大，如果在市区没有足够用地，则可选择乘车 30 分钟左右能到达的地区。在地形方面，宜选择有相对平坦区域及地形起伏不大的丘陵或有池沼、湖泊等地段。这样一来，可以利用平坦地段设置运动场，起伏山地的倾斜面可利用为观众席，水面则可开展水上运动。

（二）体育公园规划

1. 功能分区

按不同功能组织进行分区，体育公园一般可以分为以下几个功能区：

（1）运动场

具有各种运动设备的场所，是体育公园重要的组成部分。其通常以田径运动场为中心，根据具体情况在其周围布置其他各类球场。

（2）活动馆

各种室内的运动设施及管理接待设施，可集中布置或根据总体布局情况分散布置，一般可布置于公园入口附近，这样可有方便的交通。

2. 体育游览区

可利用地形起伏的丘陵地布置疏林草坪，供人们散步、休息、游览用。

3. 后勤管理区

为管理体育公园所必需的后勤管理设施。一般宜布置在入口附近，如果规模较大也可单独设置。

第三节　主题公园规划设计

一、主题公园的概念

以特定的文化内容为主题，以经济盈利为目的，以现代科技和文化手段为表现，以人为设计创造景观和设施使游客获得旅游体验的封闭性的现代人工景点或景区。

二、特点

1. 强烈的个性与普遍的适宜性相结合，具有创新性。

2. 采用被动游憩形式的经营管理方式。

3. "三高"——投入高，维护费用高，消费高。

4. 占地规模大，主题活动多样。

5. 成功的主题公园对邻近地区的经济影响大。

三、我国主题公园的分类

我国第一个主题公园——锦绣中华于20世纪80年代在深圳诞生，获得了巨大的经营收益，具有典型的代表意义。

依据主题公园的形式与内容。我国的主题公园可分为六种类型。

（一）微缩景观类

这类主题公园以深圳锦绣中华首开先河，此后有北京世界公园、天津杨村小世界、深圳世界之窗和长沙世界之窗等。它们的共同特点是在有限的空间中将世界奇观、历史遗迹、古今名胜以及世界民居等展示在游人眼前，是以人类文明史为主题的公园，体现了自然与人文并重，历史、现实与幻想共存的精神。

（二）民俗景观、仿古建筑类

这类主题公园比较有代表性的有深圳中国民俗文化村、广州世界大观、成都世界乐园、北京中华民族园、昆明云南民族文化村、珠海圆明新园。它们的共同特点是以各民族的文化为背景，具有民族性、历史文化性、参与性，在其中能让游人跨越时间的隧道亲身体验民族文化的博大精深。

（三）影视城类

这类主题公园有无锡中央电视台拍摄基地、隋唐城、三国城、水浒城等。它们是旅游产品和影视拍摄相结合的经典之作，集观赏性和实用性于一身。

（四）动物景观类

这类主题公园比较有代表性的有深圳野生动物园、广州番禺香江野生动物世界、广州海洋馆、济南野生动物园等。动物是人类的朋友和伙伴，回归自然是人类的天性，在此驻足，游人会体悟到奇妙无比的生物世界的奥妙。

（五）主题游乐园

这类主题公园比较有代表性的有苏州乐园、广州航天奇观、广州东方乐园、上海水上乐园"热带风暴"、深圳水上世界、广州大河马水上世界以及深圳的欢乐谷。它们以现代高科技为背景，体现了参与性、刺激性的特点，让游人体会到现代科技的无穷魅力。

（六）观光农业园

这类主题公园有代表性的有深圳青青世界、广州百万葵园等。通过特色农业和农业技术的展示、展览，将农业领域的文化历史和技术通过艺术化的环境表达出来，带给游人的不仅是生命的物质基础，还有与之相连的农业文化和科学知识。

中国的主题公园主要集中在经济与旅游业较为发达的珠江三角洲、长江三角洲和北京地区。由于主题公园是以赢利为目的的一种经营性产业，主题公园规划理念在规划建设目标和规划内容上与传统意义上的城市公园不同。它们不是公益性事业，属于企业或个人。在提供给游人绿色游赏空间的同时，重点在于创造高额的旅游经济回报。

四、主题公园的规划

随着社会的进步，消费群体消费水平也在逐步提高，消费观日趋成熟，人们也越来越讲究本身所需求的物要对应自己的品位。我们在多方调查和研究大量案例过程中发现：特色是吸引人的关键；生态是资源可持续的基础；传统文化是人们意识里的渴望。而吸收与提炼传统，在传统中创新又是我们一直坚持的思想。故在主题公园的景观设计中着重注意旅游功能分区，主要通过对重要景观的识别、控制、修复和合理改造，力图在恢复、维持自然多样性，保护和持续发展原有自然资源的前提下，实现旅游景观空间的合理布局。

主题公园是为了满足游览者多样化休闲娱乐需求而建造的一种具有创意性游园活动和策划性活动方式的现代旅游观光形式，是根据特定的主题创意，以虚拟生态环境与园林环境载体为特点的休闲娱乐活动空间，是一种以赢利为目的的公园经营模式。它以文化复制、文化移植、文化陈列以及高新技术等手段迎合游人的好奇心，以主题情节贯穿于公园各个游乐项目和活动之中。其景物实体的美学特征、表现手段的技术性以及主题创意所表现出的整体功能性是主题公园规划与设计的主要影响因素。

（一）主题定位

主题定位是主题公园建设成功与否的关键。主题鲜明、具有个性特点，构成整个主题公园的灵魂。它统率着公园的整体形象和艺术风格，是主题公园之间互相区别的决定性因素。主题定位与选择的原则如下：

1. 填补现代游览观光的空白，创造独特新颖的旅游观光模式。为此，须研究和发掘游人的游览动机，探索和发掘新的游览和观光形式，从中概括和抽象出公园的主题内涵。

2. 主题内容的表现形式可以分为寓意主题和实物主题。寓意主题是指空间环境欲表达的环境意义，可以表现为纪念物或一种场所。实物主题则是指游乐、游览环境中本身具有的突出个性的景观表现景区的主题思想，如迪士尼乐园中的"冒险家乐园"就是实物主题的典型代表。在公园主题层次上，适当划分出大小不同的主题梯级，围绕一个中心主题展开。如南京的"明城"，以反映明代社会风俗文化为主题，园中分四个区，分别以宫廷礼仪、王府建筑、官衙和民俗民风为次一级的主题，使得整个园区富有变化，层次鲜明。

成功的主题定位主要是考虑它的吸引力和经济回报能力。以深圳为例，锦绣中华为中国历史之窗、中国文化之窗和中国旅游之窗；中国民俗文化村为表现民族文化的深度和广度的公园；世界之窗为纵览世界、汇集世界建设精粹的公园；欢乐谷是高科技游乐园；野生动物园主题是野兽。几座主题公园保持互不交叉的主题特色，保证了各自对游人的吸引力。

（二）文化内涵

主题公园具有独特的文化内涵，利用文化内涵进行成功的策划，创造出表现这种内在文化特色的活动，是吸引大量游客的重要原因。深圳的主题公园为了延长生命力，始终把文化活动内容的更新放在首位。锦绣中华的民族艺术园、土风歌舞团、民族服饰团、编钟乐团，世界之窗的五洲艺术团，时常排演新节目。主题公园在经历旺势之后，只有不断充实文化内涵，使旅游产品不断得到完善、充实和更新，才能吸引顾客，创造较好的社会效益和经济效益。

（三）交通区位条件

从主题公园的外部交通条件来看，主题公园的选址与主要客源市场的距离以半径在行程 2h 内为佳。深圳的三个主题公园集中在深圳的西部——深圳湾畔，交通便捷，能吸引大量的游人。苏州乐园距上海 80km，在此范围内居住人口超过 300 万，是中国经济最发达的地区之一，也是交通最为便捷的地区之一。从苏州乐园现有的客源市场分析，一半来自江苏省，其中苏州占 30%，另一半为外省，上海游客占 40%，所以交通区位条件是主题公园成功的关键。

（四）表现手法

主题公园主题定位明确以后，主题内容的表现手法和艺术形式成为规划设计的重点。主题内容的表现手法有以下几种：

1. 游戏参与性设计原则

通过游人的参与性活动而不是参观活动，将游览观感和心理体验等融为一体。如扮演角色，成为舞台上的演员，在民俗活动的主题公园中，此类活动居多。

2. 现代科技手段的运用原则

先进的声、光、电等现代高科技的运用，可以创造出日常生活中无法体验和感受的梦幻离奇环境氛围。如太空景色和时间隧道的模拟。让人体会时间的过去和未来、宇宙的神奇。计算机模拟技术的大量应用、人类史前遗迹如侏罗纪恐龙世界等，带给游人的不仅是好奇，还有科普、伦理等知识的教育。

（五）园内交通线路组织

由于大型主题公园面积较大，游览参与项目众多，为此，园内交通线路的组织好坏，直接影响到游园活动的效果。在游园交通组织上，首先进行合理布局，规划客流流程，使游人对全园的观光和活动项目有一个明晰的认识，进而有选择地进行观光活动。

在园内交通工具的形式选择上，如传统马车、单轨火车、电动火车的运用，不仅节省游人的时间，而且给游人一种复古性的车行体验和感受。

（六）主题公园植物景观规划

创造绿色的、健康的园林游赏空间，是主题公园景观设计的重要特点。园林植物的种植设计，与传统公园的种植设计原则上没有根本区别。但是在主题公园里面，种植设计必须围绕公园的主题进行。如深圳世界大观各种异国景区的周边植物景观上也要有相应的异国情调，而锦绣中华的微缩景观区的植物就以和建筑模型的比例相适应为基本要求。

主题乐园与城市公园的植物景观规划有许多互通之处，其首要之处是创造出一个绿色氛围，主题乐园的绿地率一般都应在70%以上，这样才能形成一个良好的适于游客参观、游览、活动的生态环境。世界成功的主题乐园，也是绿地最美的地方，使游人不但体会主题内容给予的乐趣，而且可以在林下、花丛边、草坪上享受植物给予的清新和美感。

植物景观规划可以从以下几个方面重点考虑：

（1）绿地形式采用现代园林艺术手法，成片、成丛、成林，讲究群体色彩效应；乔、灌、草相结合，形成复合式绿化层次；利用纯林、混交林、疏林、草地等结构形式组合不同风格的绿地空间。

（2）各游览区的过渡都结合自然植物群落进行，使每一个游览区都掩映在绿树丛中，增强自然气息，突出生态造园。

（3）采用多种植物配置形式与各区呼应，如规则式场景布局则采用规则式绿地形式，自由组合的区域布局则用自然种植形式与之协调，使绿地与各区域形成一个统一和谐的整体。

（4）植物选择上立足于乡土树种，合理引进优良品系，形成乐园的绿地特色。

（5）充分利用植物的季相变化来增加乐园的色彩和时空的变幻，做到四季景致鲜明；常绿树和落叶树、秋色叶树的灵活运用，以及观花、观叶、观干树种的协调搭配，可以使植物景观更加绚丽多彩，效果更加丰富多样。

第四节 森林公园规划设计

随着城市化速度的加快和人口数量的增加，城市环境日益恶化，人们接触自然环境的机会愈来愈少，但愿望却更加迫切。森林正是这一社会性需求的理想境域。在森林中游憩，可以尽快恢复身心疲劳，从而提高人们的工作能力、劳动生产率及创造的积极性。还可防治多种疾病，让人们享受同大自然交往的乐趣。

一、森林公园规划程序

原林业部颁布了《森林公园总体设计规范》，为森林公园的总体设计提供了标准，并且规定森林公园建设必须履行基本建设程序，必须在可行性报告批准后，方可进行总体规划设计。总体规划设计是森林公园开发建设的重要指导文件，其主要任务是按照可行性报告批复的要求，对森林旅游资源与开发建设条件做深入评价，进一步核实旅游规模，在此基础上进行总体布局。

（一）申请立项

由专业调查队伍对林区风景资源条件、旅游市场条件、自然环境条件、服务设施条件、基础设施条件等进行调查和评价，调查结果经专家评审；由管理部门提出建立森林公园的可行性报告，报上级部门批准；可行性报告批准后，管理部门可委托科研、设计单位进行可行性研究，可行性研究结果应经专家评审。

1. 自然资源调查

（1）自然地理

森林公园的位置、面积，所属山系、水系及地貌，地质形成期及年代，区域内特殊地貌及形成原因，古地貌遗址，山体类型，平均坡度，最陡坡度等。

（2）气候资源

温度、光照、湿度、降水、风、特殊天气气候现象。

（3）植被资源

植被种类、区系特点、垂直分布，森林植被类型和分布特点，观赏植物种类、范围、观赏季节及观赏特性，古树名木。

（4）野生动物资源

动物种类、栖息环境、活动规律等。

（5）环境质量

大气环境质量、地表水质量。

2. 景观资源调查

（1）森林景观

景观的特征、规模，具有较高观赏价值的林分、观赏特征及季节。

（2）地貌景观

悬崖、奇峰、怪石、陡壁、雪山、溶洞等。

（3）水文景观

海、湖泊、河流、瀑布、溪流、泉水等。

（4）天象景观

云海、日出、日落、雾、佛光等。

（5）人文景观

名胜古迹、民间传说、宗教文化、革命纪念地、民俗风情等。

3. 基础设施调查

（1）交通

外部交通条件、内部交通条件。

（2）通信

种类、拥有量、便捷程度。

（3）供电

现有供电系统、用电量、用电高峰时间。

（4）给排水

现有给排水系统、用水量、用水高峰时间。

（5）旅游接待设施

现有床位数、利用率、档次、服务人员素质、餐饮条件。

4. 市场调查

旅游市场调查是通过市场调查了解公园的客源条件，以确定合理的旅游规模和容量。主要调查内容有：

（1）公园旅游吸引特征的调查。

（2）公园周围居民的人数与构成、不同阶层可能游园的次数。

（3）公园周围城乡流动人口数量及可能游园的比率。

（4）附近公园及性质相近的森林公园开放以后历年游人数量与人员结构、变化趋势。

（5）国内外旅游发展趋势、旅游者心理需求。

（6）国内外游客在附近公园旅游的费用。

（7）旅游阻抗因子调查。即妨碍公园建设和开展旅游活动的因子，如地震等级、流行病、污染及社会有害因素等。

（8）社会经济调查。把公园置身于社会经济环境之中，了解公园建设对社会经济的影响，从而确定公园规划的方针与原则。社会经济调查包括技术经济政策和技术经济指标调查。

（二）规划设计阶段

由管理部门根据可行性研究成果和资金、技术情况向规划设计单位下达总体规划计划任务书。接着由具有设计资质的科研、设计单位及大专院校根据计划任务书要求进行总体设计。总体设计一般分两步进行，首先编制规划大纲并组织专家评审，然后根据评审意见进行修改，形成总体设计的说明书和附件。

总体设计审定和批准：一般属于国家级森林公园的总体设计由国家林业和草原局审批；省级森林公园由省林业厅审批，报国家林业和草原局备案；地方森林公园由当地人民政府审批，报省林业厅备案。

详细设计及实施：根据总体规划项目，由设计或施工单位就单个项目进行详细设计并施工。修改、增减项目应征得原设计单位同意，由原审批单位审批后方可设计施工。在设计和施工阶段应及时向规划、审批部门进行信息反馈，以便及时对规划中的不合理成分进行修改。

（三）建成后的管理及综合效益评定

评估公园经济效益有两个基本方法：总费用评估法和成本核算法。总费用评估法是根据旅游者的人数和平均每一游客在旅游行为中发生的费用，计算公园的效益。成本核算法是计算公园各项收入与支出，从而核算年纯收入和利润的方法。

二、森林公园规划设计的内容

（一）森林公园规划的准则

1. 规划依据

（1）《森林公园总体设计规范》。

（2）森林公园建设立项报告。

（3）森林公园风景资源调查成果。

（4）森林公园建设可行性研究报告。

（5）公园所在地中、远期发展规划，包括环境发展、城镇建设、交通运输、邮政、通信、供电供水和其他特殊发展规划。

（6）部、省关于森林公园总体规划的规定、规程、规范和标准。

（7）当地关于材料预算价格、人工费用及利税的文件和资料。

（8）其他相关资料。

2. 规划原则

（1）可持续发展原则

森林公园规划设计中，必须重视生态环境的研究和保护。以保护为主，开发、建设与保护相结合。

（2）主体原则

森林公园总体规划要突出以森林为主体的原则。自然、淡雅、简朴、野趣是森林公园的生命所在，因为它要满足现代人类返璞归真、回归自然的愿望。因此在森林公园的开发中，对森林的培育与建筑景点的建设要有鲜明的侧重。

（3）个性原则

建设有特色的森林公园，关键是要利用好本区资源，发挥资源的优势，在充分保护好现有资源的基础上，从景观的共性中找出个性，加以渲染、烘托，从而达到主题鲜明、主景突出。开发森林旅游更应该以自然为本，因地、因时制宜地用好、用足现有的资源，讲究乡土气息，追求自然野趣，突出重点、把握特色。只有加强特色建设，才能增强森林公园的活力，有助于森林公园持续稳定的发展。

（4）经济原则

森林公园总体规划的经济原则，主要体现在因地制宜、量力而行、因财实施。

3. 环境容量

环境容量是在给定时间，在不耗尽资源和使自然生态系统崩溃的前提下，水和土地所能承受的人口数或人类活动的水平。游憩容量是某一地区在一定时间内维持一定水准给旅游者使用，而不会破坏环境或影响游客游憩体验的开发强度。对于森林公园而言，确定其环境容量的根本目的在于确定森林公园的合理游憩承载力，即一定时期和条件下，某一森林公园的最佳环境容量，从而能对风景资源提供最佳保护，并同时使尽量多的游人得到最大的满足。

在确定最佳环境容量时，必须综合比较自然环境容量（生态环境容量、自然资源容量）、人工环境容量（空间环境容量、设施容量）、社会环境容量（人文环境容量、经济资源容量、心理环境容量、管理水平承载力）。

为协调游憩与环境的关系并便于定量化，可建立五类指标，作为旅游环境容量研究的依据：生态指标（现有植被、森林覆盖率）、环境质量指标（大气环境质量、水体环境质量、噪声环境质量）、设施指标（建筑物占地指标、用水指标、污水处理指标、交通指标）、游客感应指标（整体感应指标、观景点场地感应指标）、客流分布指标。

在对森林公园环境容量进行具体测算时可采用面积法（以游人可进入、可游览的区域面积进行计算）、卡口法（适用于溶洞类及通往景区、景点必须对游客量有限制因素的卡口要道）、游路法（游人仅能沿山路游览观赏风景的地段）。

（二）总体设计

1. 公园的性质与范围

根据拟建森林公园自然条件，特别是地理位置、主景性质、旅游系统位置等确定公园基本性质和规划范围。

2. 公园的功能分区

对森林公园总体设计而言，总体布局和区划是整个工作的核心。区划是依据景观特色，将主要分布在某一个或几个代表性景观类型的区域划为一个分区，该分区在地理位置上要集中连片，结合该分区的功能性质进行区划。注意景观特色和功能性质要同时考虑各功能区由于主要功能不同，其规划的重点也不一样，但整个公园是一个系统，相互间存在联系和影响，这就涉及布局问题。同时区与区之间的过渡应自然合理，即空间上的超、转、切、合要浑然天成，处理不好往往会产生不协调的效果。

森林公园大致划分为下列几个区：①群众活动区。可利用林中水面设浴场、游船船埠，布置帐篷和野炊的休息草地，应有简单的炉灶、桌椅以及饮用水源、垃圾箱、厕所等，并与城市有方便的交通联系，面积占公园总面积的15%~30%；②安静休息区。游人较少的大片森林和水面，可在林间和草地上散步、休息，采摘蘑菇、浆果、野花等，面积占20%~70%；③森林储备区。保留一部分森林作为森林公园发展用地，面积视游人数量和建设投资而定，可占地40%~50%。如整个森林面积不大则不设。

3. 功能区开发顺序与建设期确定

功能区的开发顺序对于森林公园的总体规划具有非常重要的意义。实际的开发建设需要一个较长的时间跨度，所以建设必须按一定次序进行，当森林公园面积较大、项目资金不充裕的情况下尤其显得重要。就森林公园的一般特性而言，通常采取的是先保护后开发的策略。自然资源是森林公园的根本所在，如果不能得到很好的保护，再大力度的开发也是无本之木，要么就落于俗套，不能形成自己的特色。开发应该是从一些自然条件较好、景观特征明显、交通等各项设施通达方便的区域，逐渐向纵深方向发展，以确保森林公园的原始自然资源在受到最小限度干扰的情况下，能够得到适度有效的开发。

4. 主要景点、景物及服务设施建设

主景是一个森林公园最主要的景点，即具有鲜明特色、明显个性、典型特征，能够代表所在森林公园的景观特色的景点。它是一个森林公园的标志性景点，是公园景观资源的典型形象。主景往往包含两个方面的内容：一是主景点，即代表性景观的物质主体；二是主观景点，即观赏代表性景物的主要场所。在森林公园中，主景点一般来说是自然景观，主观景点则有可能是人文景观。

在景区的适当位置规划建设以游客为服务对象的旅游服务基地。内设旅游车出租、商店、旅馆、食品店、停车场、寄存处和导游服务等设施，这是旅游活动的必备条件，也可以满足游人生活和游览的需要。旅游服务基地的规划规模视具体情况而定，以不破坏自然风景景观为前提，适量而定，不宜过大，不能喧宾夺主。

5. 总投资

主要依据规划的项目及有关指标进行概算。概算内容包括景点建设、游乐设施、职工办公及宿舍、给排水、绿化环保工程、公路旅游、通信设施、防火等。概算项目包括总概算（分直接、间接投资）、分项年度投资、固定资产投资。按规定建设分年度投资应按复利式计算投资利息，总投资概算中除交代概算依据外，一般须列出总投资中分期（年度）投资数与比例、项目统计的投资额与比例以及资金来源和资金平衡表等。

（三）分项规划

分项规划属于总体阶段的工作，要在做出区划和布局工作后继续进行，主要包括环境保护、公园绿化、森林经营（风景林经营）、旅游服务、附属工程规划等，是对总体的深化。对于一个完整的森林公园总体规划，除了上述两部分外还应有其他与之相适应、相补充的规划内容，如森林保护、供水、供电、通信、给排水、接待服务设施、生活、行政、旅游管理规划等。

1. 森林保护规划

森林公园总体规划中保护规划是一个较为突出的重点，主要涉及公园保护等级的划分、自然资源保护、人文资源保护、植被生态保护、环境质量保护、地质环境保护、少数民族与建设人才保护等。

各类资源保护规划的制订，应充分参考和依据相关的法规如《森林法》《野生动物保护法》《环境保护法》《矿产资源法》等。国际法有《世界遗产公约》《威尼斯宪章》《世界自然资源保护大纲》等，另外有国务院发布的《中国自然保护纲要》。

各类资源保护规划应在上述法规指导下制定切实可行的保护措施，进行综合性保护规划。保护规划子系统作为总体规划系统的一部分，一般独立成章，以充分体现森林公园规划中保护与利用并重的原则。

2. 森林景观规划

（1）自然景观规划

形成景观的主体如山岳、森林、河川、湖泊、滩湾、瀑布、泉眼、溶洞等景区常见的地物，规划时要审其特点、领悟神态、推敲意境，在处理中要因地制宜，依景造势，尊重自然之形、顺循自然之美，处理时源于自然又高于自然。自然景观又可分为森林景观、地貌景观、水域景观、动物景观及天景。

森林景观是森林公园的基本景观，主要有森林植被景观和森林生态景观，包括珍稀植物、古树名木、奇花异草、植物群落、林相季相等。森林生态景观的开发应选择生态环境良好、群落稳定、植物品种丰富、层次结构复杂、垂直景观错落有致、树龄大、浓荫覆盖、色彩绚丽的森林景观供人游赏。在森林景观开发实践中，当植被景观不够丰富时，则采用人工造林更新手段进行改造或新造。森林景观也常以风景林、古树名木及专类园等形式进行开发。

地貌景观是大地景观的骨架，以山岳景观为主，包括峰峦、丘陵、峡谷、悬崖、峭壁、岩石（象形山石）、洞穴及地质构造和地层剖面、生物化石等景点。在审美感受上主要表现有雄、险、奇、秀、幽、旷、奥等形象特征。景观开发应根据原有的风景特征给予加强、中和或修饰。如以雄险著称的地貌景观，在景点设计和游路布置时，尽量以能够强化雄险特征的手段来开发。观景点尽量设在悬崖边，道路则尽量从峭壁半空中穿行，甚至设置空中栈道，以突出其险。

水是生命的源泉，人类对水有着天然的亲近感。自然风景中，水是最活跃的因素，所谓"山得水而活，水得山而媚"。丰富多变的水景使森林公园更富动态和声响美感。水体景观是自然风景的重要因素，包括江河、湖泊、岛屿、海滨、池沼、泉水、温泉、瀑布、水潭、溪涧等。森林公园的水景主要有溪涧、瀑布、泉水等。

动物景观是森林公园中最富有野趣和生机的景观。野生动物常可以使自然景观增色不少。所谓"蝉噪林愈静，鸟鸣山更幽""鹰击长空，鱼翔浅底"。全世界有动物150多万种，除海洋外，在陆地上主要生活在森林中。在公园里，自然状态下可见到的动物景观有昆虫类、鱼类、两栖爬行类、鸟类等。动物景观的设计一般采用保护观赏为主，也常采用挂巢（鸟类）、定期投食（鸟类、猴类、松鼠、鱼类）等方法招引。也可用抢救保护的方法，对受伤动物、解救动物进行人工圈养保护，供游人参观。

天景包括气象和天象景观，是由天文、气象现象构成的自然形象和光彩景观。它们多是定点、定时出现在天空的景象，人们通过视觉、体验、想象而获得审美享受。森林公园中最常见的天景是日出和晚霞。日出象征万物复苏、朝气蓬勃，催人奋进；晚霞则万紫千红、光彩夺目，令人陶醉。山间常有云雾缭绕。烟云飘浮流动、笼罩山野，并伴有风雨来去，常给人以佛国仙山、远离凡尘的感受。天象景观的开发主要是选择观景点：如看日出、晚霞或选在山巅，有远山近岭丛树作为陪衬，前、中、近景层次丰富，或选在水边，有大水面与阳光相辉映反射，霞彩更加绚丽斑斓；看雾观则应选择特定季节或雨过天晴之时。

（2）人工景观规划

以自然景观为主，并不排斥用于衬景的人工景观设施。人工景物有瞭望台、观景台、园门、凉亭、廊架、景桥、安全护栏、导游牌、厕所、服务部、森林浴设施等，多是具有功能价值的建筑或景观小品，其主要作用是为森林旅游者提供观景、休息、躲避风雨、餐饮、交通等服务，同时也要求有较高的景观价值。在规划中要视景观而异。一般应遵循宜少不宜多、宜小不宜大、宜次不宜主、宜藏不宜露、宜土不宜洋的原则，使其能够与自然景物协调、亲和，融于自然之中。

人工景观常设置在缺少自然景观的区域或地段，可丰富景观内容。人工景物采用的多种文化和艺术表现形式，增加了景观的文化意趣，是对自然景观的艺术化总结和补充。人工景物在空间类型、体量、造型、色彩、主题意境上与自然景观具有不同内容，常根据自然景观环境要求来设置。以人工的理性对比自然的随意性，形成衬托效果。可进一步强化自然景观的自然美效果。人工景物如观景亭、台、楼、阁、榭等常选择在观赏自然景观的最佳位置上，并以人工手段对观赏视角、视线进行合理引导取舍，展示最美的景致，提高和美化自然景观意境。同时，人工景物还具有休息、避雨、遮阳等作用，也是观赏自然景观的最佳场所。

设计时应对人工景物建设地点及周围的地形、山石、河溪、植被等自然景观要素加以细致的分析研究，并充分利用这些要素，使人工景物与自然景观及环境相互依存、相互衬托，成为一个融合的统一体，让人工景物设施成为人文景观的寄寓之所和自然景观的有力烘托。

（3）景观序列规划

景观序列就是自然或人文景观在时间、空间以及景观意趣上按一定次序的有序排列。

景观序列有两层意义：一是客观景物有秩序地展开，具有时空运动的特点，是景观空间环境的实体组合；二是指人的游赏心理，随景观的时空变化做出瞬时性和历时性的反应。这种感受既来源于客观景物的刺激，又超越景物而得到情感的升华，是景观意象感受的意趣组合。景观序列包含风景序列和境界与意境序列。一个优美的景观序列就如一首动人的乐曲一样，是由前导、发展、高潮、结尾等几部分构成的，也就是起景、前景、主景、后景、结景等景观的依次展开，一些复杂的序列还有序景、转折等部分。序列由此构成有主有次的景观结构，产生有起有落、有高亢有低回的赏景意趣，形成一个富有韵律与节奏的景观游览线路。起景的功能是为赏景"收心定情"，达到"心灵净化"，发展的作用是以风景铺垫来进行"情绪激发"，序列最终将主景推出，达到赏景高潮，实现"寄托情怀"的赏景意趣。要实现这个目标，景观序列设计主要是通过垂直空间序列、平直空间序列、生态空间序列、境界层次序列等方法的灵活运用来获得。

3. 森林旅游规划

森林旅游规划包括旅游线路组织、旅游项目确定、全年旅游日确定等内容。

（1）旅游线路组织

对于一个较大的森林公园，如张家界森林公园可规划出适合不同层次游客的风景精华旅游线一日游至多日游方案。对一个面积不大的森林公园则可根据其具体情况组织半日游，还可将多个一日游基本方案组合成多日游方案，亦可将其组织到国内、国际旅游热线之中。在组织旅游线路时，应充分考虑旅游者的心理需求和经济承受能力。一日游从起景—入景—高潮—平静应精心安排，在空间上应有动有静。如果一日游全天处于"动"区会使游客产生疲倦，整天处于"静"区则会产生厌倦之感。多日游方案也一样，要一天一天走入深景，又感到一日一日离开景区，有一个赏景过程。因而旅游线路组织与规划应精心、周密，同时还应考虑一般游客的经济承受能力，尤以多日游方案来说，要考虑住宿、饮食和其他娱乐活动的安排，高、中、低档兼备。

（2）旅游项目确定

森林公园中应开展以直接或间接利用森林资源或在森林环境气氛中进行的活动为主。森林野营、野餐、森林浴、采集动植物标本等自然研究，林中骑马、钓鱼、森林自然美欣赏等活动最能体现森林环境特点。登山、骑山地车、游泳、划船、滑水、漂流等活动也能与森林气氛相协调，还可结合当地条件开展射箭、狩猎等活动。有条件的地区还可在冬季开展滑冰、滑雪、坐雪橇等活动。

①野营

野营是主要森林游憩方式之一。开展野营活动须建立适宜的野营区，野营区须经过开发建设，进行妥善管理，能提供给游人富有吸引力的露天过夜场地，并具备一定的卫生设施和安全措施。建立野营区的主要目的在于为游人提供服务和保护，同时也保护森林游憩资源。

②野餐

野餐是森林游憩活动中参加人数最多的消遣方式之一。森林环境是理想的野餐场所。森林公园的野餐区应该选择在风景视线、视角较好的地方并与其他游憩区有方便的联系，但与水面距离应保持40m以上，以免游人对该地区的自然环境造成极大的破坏。

野餐区可以适应多种游人以多种形式使用。一个野餐单位由1~3张桌子、若干凳子、1个火炉（烤炉）、1个垃圾箱等组成。为了满足一些小集体的需要，要把大约一半的桌子每2~3个组合在一起。餐桌与座位的设计力求与森林的自然环境气氛相协调，就地取材、因地制宜。做过防腐处理的木桌椅是理想的设施，在山地石桌椅也很适宜。餐桌与座位要固定，以免游人任意搬动。因为餐桌周围是较集中的践踏磨损区，土壤紧实，透水、透气性弱，如果允许移动，势必扩大受损害的范围，影响更多地被植物的正常生长。野餐区的供水与野营区相同，采用集中式，服务半径以50m为宜。

③森林浴

森林可以改善气候条件，森林中负离子含量高，有些植物挥发的特有气味及杀菌素，具有明显的卫生保健作用。森林浴使人体通过皮肤与新鲜森林空气直接接触，与森林环境相适应，自身生理功能得到调节，增进身体健康。

森林浴区由足够的森林面积，郁闭度较高（以60%~80%为宜），总体环境比较幽静，不受外界游人的侵扰。为便于活动，林木应疏密有致，树木枝下高应在1.8~2m以上，以保持林中通风透气，有适当的阳光散射。

在树种选择上首先要选择具有尖形树冠的树木，针形树叶和尖的树冠有益于空气中负氧离子的形成。常绿针叶树应是首选的树种，它不但有益于空气负氧离子产生，同时其挥发物具杀菌功能。如松树、柑橘、冷杉等。落叶阔叶树由于树冠下杂草较多，林内阴暗潮湿，腐殖质较厚，应加以避免和改造，但樟树、白桦、榆树林分适于开展森林浴。选择适当的森林浴林分后，一些具有杀菌功能的植物，如梧桐、臭椿、百里香、天竺葵、黄连木丁香、辛夷、花椒、肉桂、厚朴等。另外，如广西金秀大瑶山国家森林公园的森林浴场，配合神奇的瑶山药浴，种植一些中草药也是可行和经济的。

水滨空气中负离子多，因此如有可能应选择离水体较近的地域，同时也使行浴者有景可赏。

森林浴主要有动态和静态两种方式。林中漫步也是一种积极的行浴方式，因此，浴场应有环形密林小路贯穿其中，但又不穿越、干扰其他森林浴组团，以保持各组团活动的相对独立性和私密性。要做到这一点，除了组团间保持适当的距离之外，用花灌木组成屏障划分空间也是一种重要手段。静态行浴主要是在林中浓荫下设置躺椅、吊床或气垫床等，以供行浴者使用。为了保持一定的森林浴效果，可以通过出租这些设施来控制环境容量，避免环境的过度使用与破坏，尤其是各种地被植物。各组团间至少相距15m，这样每公顷最大容量为40组，若以每组平均3人算，则每公顷森林最大容量为120人。

森林浴场要具备为游人提供饮料、茶水和方便食品及出租游憩设备的服务设施，以及洗手池、厕所、垃圾箱等卫生设施。

④日光浴

使人体皮肤直接暴露在日光下，按照一定顺序和时间进行系统照晒，叫作日光浴。日光浴使人体色素沉着，促进人体对钙、磷的吸收利用，增进食欲，加强新陈代谢和体内各种酶的生理活性，增强免疫力。森林公园可以利用自身的条件开发这项活动。日光浴一定要控制强度，过强的日光可能导致皮肤癌，必要时可在日光浴前擦涂防晒油。

日光浴场宜选择比较静谧的地方，尽量避免其他游人的过往，减少外界干扰。疏林缓坡草地（坡度小于10%）是理想的场地，可满足各种浴法，而且空气流通、清新，湿度适宜。空气中尘埃少，日光被吸收反射的机会少，因而光线较强，宜日光浴。靠近自然水域的水滨也是良好的场地，因为水滨负离子浓度高，水面反射作用大。

在进行总体规划时，可考虑与森林浴、空气浴场统筹安排利用。

⑤水域游憩活动

水在森林游憩中起着主要的作用，可以为游憩活动增添情趣，丰富活动内容。森林公园可根据自身的自然、经济条件开发适当的水域游憩活动。水域活动形式多样，广阔的水面可以开展游泳、划船、航板、滑水等，在北方冬季还可以滑冰。此外，钓鱼也是很受欢迎的活动。在适宜的条件下还可开发漂流等活动。

⑥鸟类的保护与观赏

鸟类及其他野生动物的观赏也是森林游憩活动的重要内容。保护与观赏鸟类首先要了解其生态习性及适宜的栖居环境。在森林公园中益鸟的保护和招引主要有以下几种：保护鸟类的巢、卵和幼雏；悬挂人工巢箱，为鸟类提供优良的栖居条件；利用鸟语招引鸟类；冬季保护，适度喂养，设置饮水池、饮水器；合理地采伐森林，保护鸟类栖居的生存环境；大量种植鸟类喜食的植物种类。

（3）全年旅游日确定

一般根据当地气候条件（阵雨和灾害性天气条件）来确定，并相对划分旅游淡季和旺季天数，以便在总体规划中进行投资效益分析。

4. 森林道路规划

（1）森林公园道路网规划设计原则

森林公园是在林业局、林场原有基础上开发建设的，为使经济效益、社会效益和生态效益统一，道路网建设要满足近期要求，兼顾发展，留有余地，应符合下述原则：

①道路布设要统筹兼顾森林旅游、护林防火、环境保护以及森林公园职工、林区农民生产、生活的需要。

②道路可采用多种形式形成网络，并与外部道路衔接，内部沟通，有水运条件的可利用水上交通。

③充分利用现有道路，做到技术上可行、经济上合理。除了大的旅游点之间须用公路连接外，其他景点多修步行道，尽量少动土石方，尽量不占或少占景观用地，保护好自然植被。

④道路应避开滑坡、塌方、泥石流等地质不良地段，确保游人安全。

⑤道路所经之处，尽可能做到有景可观、步移景异，使游客领略神、奇、秀、野的自然风光，感受和利用森林公园多效益功能。

⑥按森林公园的规模、各功能分区、环境容量、运营量、服务性质和管理的需要，确定道路的等级和特色要求。

（2）森林公园道路类型和等级的确定

森林公园的交通运输包括三种：对外交通、特殊交通和内部交通。外部道路主要靠交通部门，车行道路分为干线和支线，是森林公园道路网的骨干，解决游客运输和物资供应运输。根据预测的年游客量，换算的年交通量、年运量、环境容量和道路网功能及现状，分类确定等级。道路规划一定要遵守坡度、宽度、转弯半径等方面的规范。

①干线：森林公园与国家或地方公路之间的连接道路。

②支线：森林公园通往经营区、各功能分区、景区的道路。考虑客运、货运、护林防火需要，由简易公路改建或新建的公路。若路面为水泥混凝土，应注意其纵坡坡度不得大于10%。

③步行道：森林公园连接景点、景物，供游人步行游览的道路，包括步行小径与登山石级。步行道顺山形地势，因景而异，曲直自然，一般按1~3m进行规划设计，险要处设护栏，保证游客安全，陡峭处安装扶手，方便游人攀登。

④特殊交通设施：为了满足不同层次游客的需求。尤其是便于年老体弱者的游览，在不破坏景观的前提下，可考虑设置升降梯、索道、缆车道等特殊交通设施。

5. 森林经营规划

森林经营包括风景林的定向培育、景观林改造、风景林采伐等。

目前我国建立的森林公园有的是国有（集体）林场20世纪50年代~60年代大面积营造的人工速生丰产林或先锋绿化树种组成的林地，有的是在苗圃地基础上改造而成，有的是自然演替的次生林，因此，森林景观单调、质量不高。这就要求在进行科学规划的基础上，进行合理的抚育、间伐和林分改造，丰富森林植被、群落结构与外貌，形成清新宜人的森林环境。

对于一个以国有林场为依托的森林公园应贯彻以园为主、多种经营，谋求自身发展、自我完善的道路，积极规划除旅游以外的多种经营活动。

6. 森林服务系统规划

旅游服务设施规划主要包括公园内外交通、旅游纪念品生产与供应、旅游住宿、购物以及宣传、广告等。生产经营、行政管理设施规划主要指公园管理人员的办公区、生活区、仓库等。规模大小、投资多少应根据实际情况而定。切忌首先安排这部分建设，造成公园的投资大部分花在管理人员相关的投资上。

在森林公园的适当地段规划建设以游客为服务对象的旅游服务基地，内设旅游车出租、商店、旅馆、食品店、停车场、寄存处和导游服务等设施，这是旅游活动的必备条件，也可以满足游人生活和游览的需要。旅游服务基地的规划规模视具体情况而定，以不破坏自然风景景观为前提，适量而定。不宜过大、太露，忌高楼大厦，不能喧宾夺主。

7. 森林基础设施规划

包括供电、供热、排水、供水、邮电通信。要因需而设，在规划时主要依据公园的实际需求以及各单项的规程、规范、标准等进行规划。

（四）分区规划

分区规划是规划工作的第二个步骤，小公园也可将总体和分区两个阶段一次完成。主要交代各区的功能、结构、层次与效益以及规划的主要项目，各项目的规格、风格、大小、数量、开发的先后顺序，它所确定的项目是以后详细设计的主要依据。

一般来说，森林公园的分区规划应包括以下几个项目。由于每个森林公园的自身特点、地域情况和发展需求都不同，可根据《森林公园整体规划设计规范》因地制宜地进行。

1. 游览休息区规划

该区主要功能是供人们游览、休息、赏景，或开展轻微的体育活动，是森林公园的核心区域。应广布全园，设在风景优美或地形起伏、临水观景的地方。

2. 森林狩猎区规划

该区域内集中建设狩猎场。

3. 野营区规划

该区内主要开展野营、露宿、野炊等活动。

4. 生态保护区规划

该区是以保持水土、涵养水源、维护森林生态环境为主。如在生态系统脆弱地段采取保护措施，限制或禁止游人进入，以利于其生态恢复。

5. 游乐区规划

该区是对于距城市 50km 以内的近郊森林公园，为添补景观不足的情况而建的。在条件允许的情况下，须建设大型游乐及体育活动项目时，应单独划分区域。

6. 生产经营区规划

该区是在较大型的森林公园中，除开放为游憩用地以外，其他用于木材生产和服务与森林旅游需求的种植业、养殖业、加工业等用地。

7. 接待服务区规划

该区内集中建设宾馆、饭店、购物、娱乐、医疗等接待项目及其配套设施。

8. 行政管理区规划

该区内集中建设行政管理设施，主要有办公室、工作室，要方便内外各项活动。

9. 居民生活区规划

该区是森林公园职工及森林公园境内居民集中建设住宅及其配套设施的区域。

第五章　建筑、雕塑及公共设施设计

第一节　景观建筑设计

一、建筑在景观环境中的作用

建筑小品虽属景观中的小型艺术装饰品，但其影响之深、作用之大、感受之浓的确胜过其他景物。一个个设计精巧、造型优美的建筑小品，犹如点缀在大地中的颗颗明珠，光彩照人，对提高游人的生活情趣和美化环境起着重要的作用，成为广大游人所喜闻乐见的点睛之笔。建筑小品的地位如同一个人的肢体与五官，它能使景观这个躯干表现出无穷的活力、个性与美感。总结起来，建筑小品在景观中的作用大致包括以下三个方面。

（一）组景

建筑在景观空间中，除具有自身的使用功能外，更重要的作用就是把外界的景色组织起来，在景观空间中形成无形的纽带，引导人们由一个空间进入另一个空间，起着导向和组织空间画面的构图作用；能在各个不同角度都构成完美的景色，具有诗情画意。建筑还起着分隔空间与联系空间的作用，使步移景异的空间增添变化和明确的标志。

（二）观赏

建筑作为艺术品，它本身就具有审美价值，由于其色彩、质感、肌理、尺度、造型的特点，加之成功的布置，建筑也可以成为景观环境中的一景。运用建筑小品的装饰性能够提高景观要素的观赏价值，满足人们的审美要求，给人以艺术的享受和美感。

（三）渲染气氛

建筑除具有组景、观赏作用外，还通常与环境结合，创造一种艺术情趣，使景观整体更具感染力。如由丹尼尔·里博斯金德（Daniel Libeskind）设计的犹太人博物馆，"之"字形折线平面和贯穿其中的直线形"虚空"片断的对话，形成了这座博物馆建筑的主要特色,建筑立面与环境一样采用倾斜、穿插与冲突,给人巨大的震撼和感染力,很好地渲染了场馆特有的气氛。

(四)满足功能要求

各类景观建筑尽管名目繁多,但是分析起来无非都是直接或间接为人们休息游览活动服务的。因此,满足人们休息、游览、文化、娱乐、宣传等活动要求,就是各类景观建筑的主要功能。

二、景观建筑的形式

(一)游憩类

游憩类建筑分为科普展览建筑、文体游乐建筑、游览观光建筑、建筑小品等四类。科普展览建筑是指供历史文物、文学艺术、摄影、绘画、科普等展览的设施。文体游乐建筑包括园艺室、健美房、康乐厅等。此类建筑如果营建得巧妙,通常会带来出人意料的效果。游览观光建筑是供人休息、赏景的场所,而且其本身也是景点或成为构图中心,其作为景观建筑的主要形式,包括亭、廊、水榭、舫、厅堂、楼阁等。

1. 亭

亭在东西方园林中都有应用,西方认为亭子就是花园或游戏场上一种轻便的或半永久性的建筑物。亭的形式很多,从平面上分有圆形、长方形、三角形、四角形、六角形、八角形、扇形等,从屋顶形式上分有单檐、重檐、三重檐、钻尖顶、平顶、歇山顶等,从位置上分有山亭、半山亭、桥亭、沿水亭、廊亭等。

亭在景观中有显著的点景作用,多布置于主要的观景点和风景点上。它是增加自然山水美感的重要点缀,设计中常运用对景、借景、框景等手法。

2. 廊

廊具有遮阴防雨、提供休息场所的使用功能,同时也具有导游参观和组织空间的作用,廊可用透景、隔景、框景等手法使空间发生变化。廊依位置分有沿墙走廊、爬山廊、水走廊等,按廊的总体造型及其与地形的关系可分为直廊、曲廊、回廊、抄手廊、爬山廊、叠落廊、水廊等,按结构形式可分为双面空廊、单面空廊、复廊、双层廊和单支柱廊五种。

(1)双面空廊

双面空廊两侧均为列柱,没有实墙,在廊中可以观赏两面景色。双面空廊不论直廊、曲廊、回廊、抄手廊等都可采用，不论在风景层次深远的大空间中，或在曲折灵巧的小空间中都可运用。

（2）单面空廊

单面空廊有两种：一种是在双面空廊的一侧列柱间砌上实墙或半实墙而成；另一种是一侧完全贴在墙或建筑边沿上。单面空廊的廊顶有时做成单坡形，以利排水。

（3）复廊

在双面空廊的中间夹一道墙，就成了复廊，又称"里外廊"，因为复廊内分成两条走道，所以复廊的跨度大些。中间墙上开有各种式样的漏窗，从廊的一边透过漏窗可以看到廊的另一边景色，一般设置两边景物各不相同的园林空间。如苏州沧浪亭的复廊就是一例，它妙在借景，把园内的山和园外的水通过复廊互相引借，使山、水、建筑构成整体。

（4）双层廊

双层廊为上下两层的廊，又称"楼廊"。它为游人提供了在上下两层不同高程的廊中观赏景色的条件，也便于联系不同标高的建筑物或风景点以组织人流，可以丰富园林建筑的空间构图。

3. 水榭

水榭是供游人休息、观赏风景的临水景观建筑。中国园林中水榭的典型形式是在水边架起平台，平台一部分架在岸上，一部分伸入水中。平台跨水部分以梁、柱凌空架设于水面之上。平台临水围绕低平的栏杆，或设鹅颈靠椅供休憩凭依。平台靠岸部分建有长方形的单体建筑（此建筑有时整个覆盖平台）。

建筑的面水一侧是主要观景方向，常用落地门窗，开敞通透，既可在室内观景，也可到平台上游憩眺望。屋顶一般为造型优美的卷棚歇山式。建筑立面多为水平线条，以与水平面景色相协调，如苏州拙政园的芙蓉榭。北京颐和园内谐趣园中的"洗秋"和"饮绿"则是位于曲尺形水池的转角处，以短廊相接的两座水榭，相互陪衬，连成整体，形象小巧玲珑，与水景配合得宜。

4. 舫

舫也称旱船、不系舟。舫的立意是"湖中画舫"，运用联想使人有虽在建筑中，犹如置身舟楫之感。它是仿照船的造型建在园林水面上的建筑物，供游玩宴饮、观赏水景之用。舫是中国人民从现实生活中模拟、提炼出来的建筑形象，处身其中宛如乘船荡漾于水面。舫的前半部多三面临水，船首常设有平桥与岸相连，类似跳板。通常下部船体用石料，上部船舱则多用木构。舫像船而不能动，所以又名"不系舟"。中国江南水乡有一种画舫，专供游人在水面上荡漾游乐之用。江南修造园林多以水为中心，造园家创造出了一种类似画舫的建筑形象，游人身处其中，能取得仿佛置身舟楫的效果。这样就产生了"舫"这种园林建筑。

舫的基本形式同真船相似，宽约丈余，一般分为船头、中舱、尾舱三部分。船头做成敞棚，供赏景用。中舱最矮，是休息、宴饮的主要场所。中舱的两侧开长窗，坐着观赏时可有宽广的视野。后部尾舱最高，一般为两层，下实上虚，上层状似楼阁，四面开窗以便远眺。舱顶一般做成船篷式样，首尾舱顶则为歇山式样，轻盈舒展，成为园林中的重要景观。

在中国江南园林中，苏州拙政园的"香洲"、怡园的"画舫斋"是比较典型的实例。北方园林中的舫是从南方引来的，著名的有北京颐和园石舫——清晏舫。它全长30m，上部的舱楼原是木结构，1860年被英法联军烧毁后，重建时改成现在的西洋楼建筑式样。它的位置选得很妙，从昆明湖上看过去，很像正从后湖开过来的一条大船，为后湖景区的展开起着启示作用。

5. 厅堂

厅堂是景观中的主要建筑。"堂者，当也。为当正向阳之屋，以取堂堂高显之义。"厅亦相似，故厅堂常一并称呼。厅堂大致可分为一般厅堂、鸳鸯厅和四面厅三种。鸳鸯厅是在内部用屏风、门罩、隔扇分为前后两部分，但仍以南向为主。四面厅在园林中广泛运用，四周为画廊、长窗、隔扇，不做墙壁，可以坐于厅中，观看四面景色。

6. 楼阁

阁是景观中的高层建筑，与楼一样，均是登高望远、游憩赏景的建筑。

（二）服务类

景观中的服务性建筑包括餐厅、酒吧、茶室、接待室等，这类建筑对人流集散、功能要求、服务游客、建筑形象要求较高。

（三）管理类

景观中的管理类建筑主要指景区的管理设施，以及方便职工的各种设施，如广播站、变电室、垃圾污水处理厂等。

三、景观建筑设计要点

（一）设计要结合功能要求

景观建筑要符合使用、交通、用地要求等，必须因地制宜，综合考虑。例如：亭、廊、舫、榭等点景游憩建筑，须选择环境优美、有景可赏，并能控制和装点风景的地方；餐厅、茶室、照相馆等服务建筑一般希望建在交通方便、易于被发现之处，但又不占据园中的主要景观位置；阅览室和陈列室宜布置在风景优美、环境幽静的地方，另居一隅，以路相通；人流较集中的主要建筑，应靠近主要道路，出入方便并适当布置广场；管理建筑不为游人直接使用，一般布置在园内僻静处，设有单独出入口，不与游览路线相混杂，同时考虑管理方便；厕所应均匀分布，既要隐蔽又要方便使用。

（二）满足造景要求，与自然环境有机结合

在进行景观建筑设计时要巧于利用基址，即要造怎样的景，利用基址的什么特点造景。对有无大树、山岩、泉水、古碑、文物等都要调查研究，反复推敲。首先要选择好基址，因为不同的基址，有不同的环境、不同的景观。园林建筑高架在山顶，可供凌空眺望，有豪放平远之感；布置在水边，有"近水楼台"、漂浮水面的趣味；隐藏在山间，有峰回路转、豁然开朗的意境。即使在同一基址上建同样的景观建筑，不同的构思方案，对基址特点的利用不同，造景效果也大为不同。

景观建筑设计还应注意室内外相互渗透，使空间富于变化。例如：可将室外水面引入室内，在室内设自然式水池模拟山泉、山池；还可将园林植物自室外延伸到室内，保留有价值的树木，并在建筑内部组成景致。

第二节　雕塑景观设计

雕塑与景观有着密切的关系，历史上，雕塑一直作为园林中的装饰物而存在。20 世纪 60 年代的西方艺术界，雕塑的内涵和外延都有相当大的扩展，雕塑与其他艺术形式之间的差异已经模糊了，特别是在景观设计的领域里。建筑师、景观设计师逐步认识到，雕塑的构成会给新的城市空间和园林提供一个很合适的装饰，自此雕塑作品走出美术馆成为城市的景观。

景观设计师的主要任务，并不在于亲自进行雕塑本身的创作，而是根据景观环境的整体情况对其放置、基本形态、主题、材料、尺度、风格等提出构想和要求，使雕塑既能为环境添彩，又能十分贴切地融于环境中。

一、城市雕塑的文化内涵

作为文化构成的一部分，城市艺术代表了这个城市、这个地区的文化水准和精神风

貌。一些城市中的优秀城雕作品，以永久性的可视形象使每个进入所在环境的人都沉浸在浓重的文化氛围之中，感受到城市的艺术气息和城市的脉搏。

（一）人文性

任何一个城市都有其发展的自身规律。它的历史背景、经济发展、人口状况等方面决定了其特有的文化氛围。城市的文化氛围在某些程度上决定了其城市雕塑的基本状况。

矗立于各个城市的城市雕塑，不仅仅是为了美化环境而建立，它们的存在，还体现了这个城市的精神面貌与城市的文化建设。

（二）地域性

地理位置及周围环境决定了城市雕塑的形式与特征，不同的地域文化和环境背景决定了雕塑的内容和形态。例如，意大利佛罗伦萨的统治广场宽阔的喷水池，池中央矗立着白色大理石海神像，海神像基座和水池边上还布置着一座青铜铸造的小塑像作为陪衬，形成广场的重要景观。海神像垂直的形象与它背后高耸的建筑角部的线条呼应，这两者结合在一起，如同是这空间的转轴，雕像造成了有趣的视角错觉，因为它明亮的色和自然的形使人的视线集中，并有助于缓和美第奇宫墙角高而锐利的线条。

（三）时代性

每个时代都有其历史的、独特的时代特征，这是和当时的经济、文化、宗教、军事、人民的追求分不开的。同时，在不同的时代里，艺术的演变与成就也是不一样的。雕塑艺术就是以其独特的艺术形式，展现了不同时代的风貌与格调。雕塑风格的演变与丰富同时也是时代演变的产物。

（四）启迪性

从对雕塑的观赏，可以想象出雕塑师当时的思想活动，给人以无限的遐想，在有限的空间内，塑造人们精神的无限空间。雕刻与建筑一样，建筑是运用感性物质的东西按照它占空间的形式来塑造形象，雕刻则把精神本身（这种自觉的目的性和独立自主性）表现于在本质上适宜于表现精神个性的肉体形象，而且使精神和肉体这两方面作为不可分割的整体而呈现于观看者的眼前。

（五）纪念性与交流性

纪念性是城市雕塑传播文化的一个重要方式，通过对历史事件、人物的刻画与表现，重现了当时的英雄人物及时代精神。交流性不但使人产生亲近感，还起着使人同自然进行交流的某种媒介作用。不同类型、不同区域雕塑的展现可以起到促进文化交流和人际交流的作用。

（六）象征性

每个城市都有其自身的文化与历史背景，城市雕塑则是以其雕塑的内容和形式，体现了其所在城市及所在环境的特征。如美国的自由女神像，只要我们一提到自由女神，马上会联想到美国。这是因为该雕塑特定的文化和时代背景，即美国独立战争的胜利，使自由女神成为美国的标志。

二、城市环境雕塑的类型

城市环境雕塑是以三维空间的形式，采用坚实的材料制作，具有形象的实体性和形体的特质性的城市空间艺术品，是城市景观建设中的重要组成部分。它通过自身的形象塑造，典型而成功地再现生活、反映社会，表现时代精神面貌与创作者的思想情感，也是一个城市物质文明和精神文明的象征之一。

好的城市环境雕塑，不仅装饰城市，美化环境，丰富人们的生活，同时也从侧面反映出一个国家文化艺术的发展水平，体现一个民族的个性及精神，既为当代服务，又为未来留下不易磨灭的历史性标志。所以景观雕塑在环境景观设计中起着特殊而积极的作用。世界上许多优秀景观雕塑成为城市标志和象征的载体。根据所起的不同作用，景观雕塑可分为纪念性景观雕塑、主题性景观雕塑、装饰性景观雕塑、标志性景观雕塑、陈列性景观雕塑和大地艺术景观六种类型。

（一）纪念性景观雕塑

纪念性景观雕塑以雕塑为主，并以雕塑的形式来纪念人与事。纪念性景观雕塑最重要的特点是它在环境景观中处于中心或主导位置，起到控制和统率全部环境的作用，所以环境要素和总平面设计都要服从雕塑的总立意。纪念性景观雕塑根据需要可建造成大型和小型两种，通常以比较小型的纪念性景观雕塑更为普遍。

（二）主题性景观雕塑

主题性景观雕塑是指通过主题性景观雕塑在特定环境中揭示某些主题。主题性景观雕塑同环境有机结合，可以充分发挥景观雕塑和环境的特殊作用。这样可以弥补一般环境缺乏主题的功能，因为一般环境无法或不易具体表达某些思想。主题性景观雕塑最重要的是雕塑选题要贴切，一般采用写实手法。

（三）装饰性景观雕塑

城市雕塑作品中大多数为装饰性的作品。这类作品并不刻意要求有特定的主题和内容，主要发挥着装饰和美化环境的作用。装饰性的城市雕塑，题材内容可以广泛构思，情调可以轻松活泼，风格可以自由多样。它们的尺度可大可小，大部分都从属于环境和建筑，成为整体环境中的点缀和亮点。

情趣雕塑景观设计巧妙地被应用于各种环境中，给人以奇妙的感受。这些趣味横生的雕塑景观设计，巧妙地和环境融为一体，以雕塑的形式给人带来无数遐想，也给一些本不具备趣味性以及文化内涵的环境以新的、更浓厚的文化艺术气息。在旅游发展过程中，情趣雕塑景观设计经常被应用，这些独特的雕塑景观设计作品给旅游环境增添了亮丽的色彩和文化内涵。

（四）标志性景观雕塑

标志性的城市雕塑作品增加了说明性的功能，树起了形象的标志，其含蓄生动、寓意深远、形象优美、鲜明易懂、雅俗共赏，成了城市景观中的重要部分。

布鲁塞尔的标志雕塑"撒尿的男孩"实在是小得不起眼的雕塑，如果没有导游的指引，一个外来人要找到它真的很困难。但是，它的名气却很大，如果没有看到它，就好像没有到过布鲁塞尔一样。原因是这个雕塑背后有个关于这个小孩子撒尿救了全城人的故事，因而"撒尿的男孩"成了布鲁塞尔的标志。

（五）陈列性景观雕塑

陈列性景观雕塑是指以优秀的雕塑作品陈列作为环境的主体内容，把各类雕塑作品如同展览陈设那样布置起来，让公众集中观赏多种多样的优秀雕塑作品。也有的是全部为一位作者的作品，围绕一个专题，经严格的总体设计构成的。有时大量的陈列性雕塑可以组成雕塑公园或艺术长廊。优秀的雕塑组合（群）给人的冲击力一般使人很难忘却，具有非凡的艺术感染力。

（六）大地艺术景观

20世纪60年代末的美国，许多艺术家为了反对技术时代对艺术品的不断复制，反对人工化、塑料化的美学和无情的艺术商业化趋势，逃离美术馆和公共广场，将他们的作品置于远离文明之地的沙漠和旷野中，创造出一种超大尺度的雕塑——大地艺术。它是介于工程与雕塑、建筑与风景、艺术与大自然之间的一种边缘概念，一般以广阔的大地、田野、海滩、山谷、湖泊为艺术材料，通过大规模的挖掘、堆叠、染色、包裹、构筑等方式，改造自然的某一部分外观，企图创造一种体量巨大、不能为博物馆接受、永不被人占有的环境艺术，并掀起了一股大地艺术运动的潮流。在这一运动中，艺术家运用土地、石头、水和其他自然材料介入和标记自然，塑形、建造、改变和重构着自然景观空间。大地艺术表现为抽象、简约和秩序，突出自然景观材料是其创作的重要手段。如同西方 20 世纪众多的抽象艺术一样，材料成为影响作品的比喻和象征信息的媒介。在一个高度世俗化的现代社会，当大地艺术将一种原始的自然和宗教式的神秘与纯净展现在人们面前时，大多数人多多少少感到一种心灵的震颤和净化，它迫使人们重新思考一个永恒的话题——人与自然的关系。

大地艺术产生之初，艺术家追求的是通过远离世俗社会，为艺术创作带来纯净的土壤。但是当这一形式获得极大的成功和认可后，它又回到了世俗社会，逐渐成为改善人类生活环境的一种有效的艺术手段，在景观设计领域获得极大的发展。不少设计师在景观设计时也运用大地艺术的手法，创造了许多让人愉悦的公共艺术品。大地艺术作品以一种新颖、意味深长、出人意料的形象促使我们去深入思考自然本身，思考我们与自然的关系，思考自然与艺术的关系。这些作品给予自然的是一个具有完全文化意味的改变，使我们重新认识了我们的设计与自然是一个具有完全文化意味的改变，使我们重新认识了我们的设计与自然相协调的可能性。艺术家的意图是给予自然一个特殊的人类标记，从而表现人类的精神和创造力。大地艺术的思想对景观设计有着深远的影响，使得景观设计的思想和手段更加丰富。大地艺术并不是景观设计的新公式，也不是为了给景观设计师提供一种答案，而是对景观的再思考。事实上许多景观设计师都借鉴了大地艺术的手法，他们的设计或是非常巧妙地利用各种材料与自然变化融合在一起，创造出丰富的景观空间，或是追求简单清晰的结构、质朴感人的景观，也有一些景观设计作品表现出非持久性和变化性的特征，人们在这样的景观空间中有了非同以往的体验。

三、景观雕塑的材料

景观雕塑材料的选择首先要考虑与周围环境的关系，一是要注意相互协调；二是要注意对比效果，因地制宜、创造性地选择材料，以取得良好的艺术效果。室外雕塑的材料一般分为五大类：第一类是天然石材，即花岗岩、砂石、大理石等天然石料；第二类是金属材料，是以熔炼浇铸和金属板锻制成形；第三类是人造材料，即混凝土等制品；第四类是高分子材料，即树脂塑形材料；第五类是陶瓷材料，即高温焙烧制品。

（一）天然石材

花岗岩是室外雕塑最常用的材料，也是最坚固的材料之一，密度 2 500~2 700 kg/m³，抗压强度 1 200~2 500 kg/cm²，耐候性好，使用年限长。花岗岩是由石英、长石和云母三种造岩矿物组成的，因而它具有很好的色泽。

砂石也是可以用于室外雕塑的一种天然石料，但这种材料耐风化能力差别较大。含硅质砂岩耐久性强，可用于雕刻。

大理石质地华美，颜色丰富多样。但有些大理石不能用于室外，因为极易受雨侵蚀、风化剥落。

天然石材雕塑放大技术，一般采用空间坐标法进行放大加工，大型雕塑分段进行，最后组装。特大的雕塑先将雕塑翻成石膏像，沿水平方向将石膏切成数圈，并再次断成单元体。由石雕工人按规定的倍数在石料上放大，然后再组装。

（二）金属材料

传统金属材料是铸铁、铸铜。现代金属材料种类有了很大发展，包括不锈钢、铝合金等材料。

青铜是一种合金，古代青铜是铜锡合金，现代青铜已不是铜锡合金了。现代浇铸的铜合金多用无锡青铜，即被铝青铜代替。青铜雕塑按施工方法分为两种：一种是热加工，即浇铸成形；一种是冷加工，即青铜板锻打成型。一般采用浇铸青铜雕像比较多，可以更好地体现雕塑的永久性、纪念性、庄重性。浇铸青铜雕塑可以适应形体异常复杂以及通透、凌空的形式，故在广场雕塑中应用较多。铝青铜结晶温度范围较窄，易产生集中缩孔，氧化性强，合金液面易生氧化膜，铸件易发生夹渣现象，故多采用底柱开放式浇铸系统。而锡青铜和磷青铜与前者相反，结晶温度范围宽，易产生缩松现象，氧化不强烈，故可采用顶柱式浇铸系统。

由于大型雕塑铸造工艺比较复杂，因此多采用铜板成型。最著名的美国纽约港外贝德路斯岛上的自由女神铜像，最先选用青铜板，但因材料厚度使其重量太大，后来不得不改用纯铜片，厚度为 2.38mm。铜片的成型是在木模上进行粗加工。木模实际上是一种格状体，它是按比例放大、用木板钉成的。粗加工后再在石膏模上精加工。当然它的加工只能分段、分块地进行，铜片之间用铜铆钉连接，而加工后的铜片最后必须挂在钢结构的骨架上，整个雕塑的自重以及抵抗海风的水平荷载必须由这个骨架来承担。

铝合金是现代应用极为广泛的一种广场雕塑材料，多为浇铸成形。不锈钢用于广场雕塑除浇铸工艺之外，多采用类似铜片外挂的方式，它有利于组合安装。

（三）人造材料

人造材料一般以混凝土为主。它有金属铸造的造型效果，也可模拟石材的效果，但一般不太适合做永久性广场雕塑，只用它做中间试验性建造，最终还是用其他永久性材料完成。

（四）高分子材料

高分子材料主要是环氧树脂。用这种材料作为胶料，并铺覆增强材料形成一种强度、空间形体稳定的物质，也称作玻璃钢。用这种材料制作雕塑，成型方便、坚固、质轻、工艺简单，但成本较高。

玻璃钢雕塑制品的表面可以仿金属效果、青铜效果、石料效果等。在仿青铜效果时，一种是在胶料中加入矿物颜料，另一种就是采取非金属镀铜工艺进行表面处理。而仿石料时，可在靠模面首先覆盖加有石粒的环氧胶料，再覆盖玻璃纤维布，石粒的配制按设计者所要取得的效果而定，表面不加工者可以做到磨光的花岗岩效果，加工时也可以参照斩假石的工艺。

（五）陶瓷材料

陶瓷材料比较早地使用于雕塑制品。陶瓷材料光泽好，抗污染力强，但体量、造型一般比较小、易碎、坚固性较差。另外，玻璃镜面外观及以仿真材料制作的雕塑作品也越来越多。

四、景观雕塑设计的相关问题

（一）景观雕塑的平面位置安放设计

景观雕塑的平面位置有以下几种基本类型：

1. 中心式

中心式景观雕塑处于环境中央位置，具有全方位的观察视角，在平面设计时注意人流特点。

2. 丁字式

丁字式景观雕塑在环境一端，有明显的方向性，视角为180°，气势宏伟、庄重。

3. 通过式

通过式景观雕塑处于人流线路一侧，虽然也有180°观察视角方位，但不如丁字式显得庄重，比较适合用于小型装饰性景观雕塑的布置。

4. 对位式

对位式景观雕塑从属于环境的空间组合需要，并运用环境平面形状的轴线控制景观雕塑的平面布置，一般采用对称结构。这种布置方式比较严谨，多用于纪念性环境。

5. 自由式

自由式景观雕塑处于不规则环境中，一般采用自由式的布置形式。

6. 综合式

综合式景观雕塑处于较为复杂的环境结构之中，环境平面、高差变化较大时，可采用多样的组合布置方式。总的来讲，要将视觉中景观雕塑与环境要素之间不断地进行调整，从平面、剖面因素去分析景观雕塑在环境中所形成的各种观赏效果。景观雕塑的布置还涉及道路、水体、绿化、旗杆、栏杆、照明以及休息等环境设计。

（二）景观雕塑观赏的视觉要求

景观雕塑是固定陈列在各个不同环境之中的，它限定了人们的观赏条件。因此，一个景观雕塑的观赏效果必须事先进行预测分析，特别是对其体量的大小、尺度研究，以及必要的透视变形和错觉的校正。

人们理想的观赏位置一般选择处在观察对象高度两倍至三倍远的地方比较适当，如果要求将对象看得细致，那么人们前移的位置大致处在高度一倍距离。景观雕塑的观赏视觉要求主要通过水平视野与垂直视角关系变化来加以调整，所以在设计带有景观雕塑的场所时，必须对人与雕塑的视觉关系把握到位。

1. 景观雕塑设计中的视线图解法应用

建筑学中的视线图解法也可以在环境景观雕塑设计中加以应用。运用视线图解法可以帮助我们研究景观雕塑与周围环境的关系，研究它们自身的有关尺度关系。视线图解法也可以解决景观雕塑的倒影问题。有许多景观雕塑布置在水面上或临水地段上，这就涉及景观雕塑高低与水面尺度大小的关系。为了取得较好的效果，可以借助视线图解法。主要通过三个因素来协调它们之间的关系，即预设雕塑位置和高低、水平面的布置、基本视点的位置。按物理的镜面反射作图法，根据这三个因素就可以得到倒影位置图。

2. 景观雕塑建造中的透视变形校正

在人们观察高而大的景观时，由于仰视，必然要出现被视物体的变形。它包括物像的缩短、物像各部分之间比例失调，这些透视变形问题直接影响到人们对景观雕塑的观赏。

为了克服由于透视而产生的变形，最简单的办法就是将景观雕塑的形体稍加前倾，但这种前倾是有限度的，同时还要考虑重心问题。另外，前倾只能解决局部视点问题。景观雕塑大都是以四方环绕观赏为主。为了解决透视变形问题，我们借助建筑修正透视变形方法，就是将原有的各个部分比例拉长。我们进行景观雕塑设计时也将其适当拉长，这种校正透视变形办法要根据实际状况而定。

（三）景观雕塑的基座设计

景观雕塑的基底设计与景观雕塑一样重要，因为基底是雕塑与环境连接的重要环节，基底设计既与地面环境发生联系，又与景观雕塑本身发生联系。一个好的基座设计可增添景观雕塑的表面效果，也可以使景观雕塑与地面环境和周围环境产生协调的关系。基座设计有四种基本类型，分别为碑式、座式、台式和平式。

1. 碑式

碑式基座大多数是指基座的高度超过雕塑的高度，建筑要素为主体，基座设计几乎就是一个完整纪念物主体，而雕塑只是起点题的作用，因而碑的设计是重点内容。

2. 座式

座式基座是指景观雕塑本身与基座的高度比例基本采用与 1∶1 的相近关系。这种比例是景观雕塑古典时期的主要样式之一。这种比例能使景观雕塑艺术形象表现得充分、得体。座式基座过去多用古典样式，中国的古典基座采用须弥座，各部分的比例以及构成非常严密和庄重。国外以古希腊、罗马以及文艺复兴时期的柱式基座手法为主，也有采用古典基座加墙身及檐口的三段式构图。许多古典雕塑纪念碑的基座都是从这些结构演变而来的。但这种基座形式在现代景观雕塑基座中的应用越来越少，现代景观雕塑的基座应处理得更为简洁，以适应现代环境特征和建筑人文环境特征。

3. 台式

台式基座指雕塑的高度与基座的高度比例在 1∶0.5 以下，呈现扁平结构的基座。这种基座的艺术效果是近人的、亲近的。

4. 平式

平式基座主要是指没有基座处理、不显露的基座形式。因为它一般安置在广场地面、草坪或水面之上，显得比较自由、平易，容易与环境融合。

景观雕塑基座的设计虽然归纳为以上四类，但实际设计实践中应灵活运用。

（四）城市景观雕塑基座工程技术

从景观雕塑基座建造工程来讲，基座一般包括座身、平台和踏步三个主要要素。座身可以根据规模的大小确定为实心和空心两种，而空心又可分为可利用空间和不可利用空间两种。

一般座身可按承重墙来设计，它可用砖、天然石材砌筑，也可用钢筋混凝土浇筑。座身因要承受来自雕塑自重的垂直荷载和水平荷载的风力、地震力的影响，就必须进行结构设计计算。座身是联系雕塑和地面的中间体，所以还须解决雕塑固定问题。雕塑固定要预留钢筋，以便连接固定。

1. 景观雕塑基座设计

景观雕塑基座设计的重要技术环节是要计算埋于地下的基础，这个基础设计得好坏直接影响到景观雕塑的长久、安全问题。所以基础选型必须恰当。常见的基础形式有以下几种类型：

（1）刚性基础

用于景观雕塑的刚性基础有灰土基础（2∶8~3∶7灰土，厚为30~40cm，分步夯实）、三合土基础（石灰∶砂∶骨料=1∶3∶6，每步15cm，不少于两步厚）、毛石基础（用高度不小于15cm的毛石分台砌筑，台高不少于40cm，用25~50号砂浆砌筑）等。

（2）板式基础

板式基础是景观雕塑最常用的基础形式，因为雕塑的荷载较为集中，而且采用钢筋混凝土基础的技术可靠性比较好。采用150号或200号混凝土及1、2级钢筋，垫层采用75~100号混凝土或三合土、灰土，由于垂直造型的雕塑物加座身，比较高大，故考虑到自由端的悬臂构件，基础可能存在偏心受压的情况（有时雕塑自身就存在偏心），因此雕塑及座身的纵向钢筋应深入基础。

（3）桩基础

由于景观雕塑及基座的荷载较大而且集中，如果土层较厚且软弱，则应考虑选择桩基础。桩基础由承台与桩柱两部分组成。承台板为钢筋混凝土构造，桩柱如直抵硬土地基则为端承柱，如未抵硬土地基则为摩擦桩。桩柱按施工方法又有爆扩桩、灌注桩、预制桩多种。如果采用现浇混凝土，标号不小于150号；如果采用预制混凝土，标号应大于或等于200号。

（4）锚固基础

许多景观雕塑因环境和条件的特殊要求，须选择锚固基础方式。对于较大型的复杂广场雕塑，雕塑及基座的规模就是一个建筑物时，就应与建筑师配合设计。

2. 基座表面材料及安装

（1）基座表面材料

基座表面材料最好选用天然石材或陶板、琉璃板等。天然石材以花岗石为最佳，其次是耐风化的大理石，用块料砂石也可。

（2）基座安装

虽然不同石材的力学性质不同、厚度不同，但其安装方法大同小异。镶块石墙面主要是采用插铁安装法，即用镀锌钢板钩扣入石块的上表面，后尾锚于基身。厚石块的安装是先在基身中预埋 U 形钢筋，在其中固定直径为 8～12mm 的立筋及水平筋，用铁件同钢筋网钩牢，上下石板间可设 5mm（厚）×30mm×25mm 的钢板销，转角处加设半边钢锭棒，空隙填 200 号细石混凝土。

3. 景观雕塑的避雷设计

景观雕塑的避雷设计，主要针对高大型雕塑。避雷设计是通过防雷保护装置的三项技术措施去实现的，包括雷电接收装置、引下线和接地体三个组成部分。在保障雕塑安全的情况下，设计的避雷装置尽量隐蔽或能与雕塑融为一体。

第三节 公共设施设计

一、休息设施设计

在各种户外用具中，座椅的使用最为广泛。行人在散步后需要一个休息的地方，所以在设计中往往将这种休息用具与日常生活结合起来。令人遗憾的是，很多座椅的设计放置很难与周围环境相协调，这种情况在当今都市中经常出现。

在任何一个具体地点设置的座椅类型都取决于它周围的环境。在地区首府中的座椅应该具有一定纪念性特征，它应该是都市景观的一部分，设计时应充分考虑这一点。尺度是十分重要的，而且材料的选用应与周围环境相协调，即具有类似的特点。如果座椅和长凳须设置在较小的空间内，那它们的简洁性就很重要，在这种情况下给座椅设置过分的装饰或复杂的细部以引起人们注意的方法很不适宜。在视觉感受上，人们往往比较喜欢无靠背的长椅设计，因为这种座椅在周围环境中不突兀显眼，但设置在公共场所的座椅则必须考虑到老年人和其他需要扶手和靠背的使用者的需求。

座椅作为设计中的一个元素，往往需要一个合适的环境，这个环境多是由植被、墙或树组成的，而且座椅应该与环境中的其他物品相结合，无论它们建造在什么地方，都应该与其他的街道用具相协调。

（一）座椅的配置设计原则

座椅的配置要与环境及此环境中人们的活动相配合。其设置的方位、疏密、形式都会引起不同的心理感受，并由此影响人们不同的行为目的。

（1）园舍、凉棚、铺石地、露台边、道路旁、水岸边或雕像脚处，均可设置座椅。但座椅应避免设立在阴湿地、陡坡地、强风吹袭场所、不良的地方或对人出入有妨碍的地方。

（2）座椅应具坚固耐用、舒适美观、不易损坏、不易肮脏等特点。椅身设计应符合人体坐时的生理角度。

（3）用于休憩或仰姿休息方式则需宽、大、长椅。

（4）将身体接触部分的座位板、背板做成木制品较为舒适。

（5）夏季有园椅的地方要设置遮阴的设备，如绿荫树。

（6）座椅必须采用易于修理的构造，设计亦要配合环境。

（二）座椅基本结构

一般长凳及座椅的高度为 425mm×450mm。高度是有一定限制的，这种高度往往对中等身材的人来说比较合适；长凳的宽度和长度可以有多种变化，因为底部框架能提供必要的支撑。一般来说，普通座椅的顶部可以用板或胶合板制造，它们也可以用其他嵌板的余料来做。当椅面是胶合板或其他类似材料时，可以在支撑物之间设置横撑以保证刚度和耐久性。"X"形支架是目前比较常用的一种设计方案，它可以在交叉点处设置链杆，或者在支柱间用隔断和横撑。如果用两个叠加的交叉点，就会更坚固。

当然，座椅的形式是极其丰富的，随着制料学等学科的发展，座椅无论在形式上还是功能上都日趋丰富、千姿百态。

二、运动设施设计

城市景观的功能，除为修养身心外，还可起保健作用，故各类运动场的设置也很重要。运动场设置的地方应该地势平坦、空气新鲜、日光充足。运动场四周应栽植庇荫树，庇荫树群所占面积愈广愈佳。运动场设施包括网球场、篮球场、羽毛球场、排球场、足球场、田径场和高尔夫球场等。设计时还应注意配套设施的设计，如管理用房、厕所、座椅等。

三、儿童游乐设施设计

（一）儿童游戏的基本特点

儿童游乐设施的设计要考虑不同年龄的聚集性、季节性、时间性、"自我中心"性等因素。比如时间性，不同年龄儿童活动时间不一致。白天在户外活动的主要是学龄前儿童，放学后至晚饭前后是各种年龄儿童户外活动的主要时间。节假日、寒暑假期间，儿童活动时间较集中在 9~11 时、15~17 时。要根据时间和儿童游戏的动作特性，来设计适合的游乐设施。儿童游乐场主要设计原则如下：

（1）儿童游戏设施应能给予儿童各种感官的接触，如触觉、视觉、嗅觉等。

（2）给予儿童肌体运动及移动物体经验获取的机会，从中了解物与物、人与人之间的空间位置概念。

（3）渐近的挑战，玩过一种游戏，同时又有新的挑战在等待他去克服，亦即必须能提供一系列游戏活动的可能性。

（4）游戏设施应让儿童有选择的余地，能自己做主决定继续向前游戏或采取撤退的选择，避免被动式的游戏。

（5）提供儿童在游戏中幻想或扮演不同角色的机会。

（6）游戏设施与成人适当隔离。儿童心理喜欢自由而有独立行动的能力，父母太接近儿童的游戏，反而会妨碍儿童在游戏中有犯错的机会及自由、尝试笨拙的行动，此点应为为人父母者深入了解。

（7）游戏设施要符合儿童的尺寸，亦即设施物应按人体工程学的原理与统计资料加以设计，如儿童攀爬的高度、脚能抬高的尺寸、手握铁管的直径等。

（8）安全的考虑。任何设施均要注意安全，儿童游戏设施更不能例外，常常在设施物上加装少量材料或去除突出尖锐部分即可达到要求。另外，在地坪硬度方面应用富有弹性的材料也是很好的办法。

（9）半成品式的游戏构造物比完整的机械式游戏设施更能激发儿童的想象力。

（10）景观设计师设计游戏设施时，应设身处地自行体验一番，以免疏忽了游戏的本质。

（11）除了建筑师、造园师以外，若有教育专家的参与，会使设计成果更为完满。

（12）应该设计适合不同年龄群的游戏活动，而且男孩与女孩的游戏环境也不相同。

（二）儿童游乐设施的分类

1. 混凝土组合游戏器具

用组合起来的竖立和横放的混凝土预制品，如管材、道牙、混凝土砌块和铺装材料，组合成房屋、拱券、城堡、迷宫、斜坡、踏步等各种游戏用具。大小不一的正方形、长方形和圆形的地面砌块都能被利用。儿童有创造性地进行各种方式的游戏，登高、攀爬、钻洞、跨越、滑行等。为了安全，必须把所有构件的边缘都做成光滑的，还必须注意防止儿童从 1m 以上高度坠落，或从坡度陡的混凝土踏步上滑下的可能。

2. 沙

玩沙能激发儿童的想象力和创造力，因此，沙在儿童游戏场是重要的游戏设施。儿童喜欢在沙中筑隧道、城堡、迷宫，开沟渠等，幼儿喜欢踏进沙中，感到轻松愉快。沙坑不宜太小，每个儿童 1m² 左右的面积，深度以 0.3m 为宜。在大沙坑中可将沙与其他设施结合起来，进行多种多样的游戏，如英国伦敦居住区中，将童话人物格列佛塑像横卧在沙坑内，像巨人一般，儿童们可爬在他身上玩耍。沙坑最好设置在向阳的地方，既有利于儿童的身体健康，又能使沙土消毒。沙坑须经常清扫，还要定期更换新沙，使沙坑保持松软和清洁。

3. 水

儿童酷爱玩水，对水有亲近感。儿童游戏场内常设喷水池和涉水池，儿童可在池中嬉水。国外还常设饮水喷泉，既有实用功能，又可观赏水景。常用的有两种涉水池：一种水池深度一致，约 20cm；另一种池底逐渐坡向中央，池边浅，可修成各种形状，也可用雕塑装饰，或与喷泉结合。

4. 游戏墙与"迷宫"

为适合儿童的兴趣和爱好，设置各种形状的游戏墙，供儿童钻、爬、攀登。游戏墙设计要适合儿童的尺度，较低矮。其位置可选择在儿童游戏场的主要迎风面或对住宅有噪声干扰的主要方向上，游戏墙能起到挡风、阻隔噪声扩散的作用。利用游戏墙分隔和组织空间的作用还可以设计迷宫。

5. 草坪与地面铺装

草坪是一种软质景观，也是儿童喜欢进行各种活动的场地。儿童活动场地的地面铺装要求具有一定弹性，常采用的材料是塑胶垫。

6. 游戏器械

根据不同年龄组儿童的身高和活动特点选择适合的游戏器械。分为摇荡式（秋千、浪木）、滑行式（滑梯）、回转式（转椅）、攀登式、起落式（跷跷板）、悬吊式（单杠）、组合式等。

四、卫生设施设计

城市景观中卫生设施起到保持环境整洁的作用，在设计中应尽量从卫生、污染处理及其造型配合环境等方面考虑。城市卫生设施包括饮水台、洗手台、垃圾桶、公共厕所等。

(一) 饮水台

饮水台为近代造园中重要的实用设施兼装饰添景物,其构造形式变化很多,普通的饮水台依其放水形式,可分为开闭式及常流式两种。所用之水,须能为公众饮用。饮水台多设于广场中心、儿童游戏场中心、园路之一隅。饮水台高度应在50~90cm之间,设置时须注意废水的排除问题。

(二) 洗手台

洗手台一般设置在餐厅进口、游戏场或运动场旁或园路的一隅。洗脚、洗手设施配置应注意以下几点:

(1) 为洗脚要设脱鞋平台,为洗手要设置行李用台。

(2) 排水管因污泥或杂物容易进入,要设大型积泥坑。

(3) 使用水不会飞溅的设备较佳。

(4) 其构造须参照饮用水栓。

(三) 垃圾桶

垃圾桶是街道设施,被认为是城市景观的一个重要因素,而在环境整治中,垃圾桶扮演着重要角色。为了分类垃圾的需要及设置垃圾桶的需要,造型、位置、取出方式均应考虑。垃圾桶的配置设计考虑以下几点:

(1) 用餐或长时间休憩、滞留的地方,要设置大型垃圾桶。

(2) 在户外因容易积留雨水,垃圾容易腐烂的关系,通风要良好,同时易于垃圾清理作业。桶的下部要设排水孔。

(3) 选择能适合环境条件并有清洁感的色彩。

五、信息设施设计

城市标志牌、指示牌种类繁多,应分类进行系列设计。一般可分为城市交通类、一般引导类、商业广告类等。每类标志又可按其复杂程度进行再分类,如城市交通类又可分为各种道路交通标志(包括行驶方向的标志、经过地点的标志等)、公共汽车停车场标志、街巷功能标志、禁止交通标志等。对于不同类型的标志牌,应有不同的风格色彩。常以红色表示交通方面的信息,绿色用以表示邮政方面的信息,黄色表示商业或游览方面的信息等。

过于统一、规范的标志牌和信息板在视觉上往往给人压抑郁闷的感觉。但是,有时规范化也是必要的,这不只是经济原因,同时也为了能够创造一种协调、统一的感觉,让人认为它们是整个设计中和谐、合理的一部分。实际上为了达到给使用者提供信息的目的，规范化对人是有好处的。因为反复的手法会给人熟悉感、亲切感；具有相似风格的标志牌和其他室外用具能给人直观、深刻的印象，这样当我们在其他场合、情况下寻找时，就很容易认出在此之前所看到的熟悉事物，便于寻找。

六、交通设施设计

护栏在道路中使用很广泛。设置护栏的目的主要是为了防止行人任意穿越道路，排除横向干扰。近年来城市交通发展很快，许多城市在机动车道中央设置护栏用以防止行人和自行车穿越，取得了较好的效果。城市道路上的护栏对道路景观影响很大。造型别致、色彩明快、高度适宜的护栏会给人整齐、顺畅、舒适的感觉。但高度不适宜的护栏，会让一些人乱钻、乱跳、乱跨，不仅影响交通，而且影响市容。

栏杆的形式与空间环境和组景要求有十分密切的关系。临水处的栏杆多设空栏，以便于人们观赏波光倒影、游鱼及水生植物，视线不受过多的阻碍；而在高空、岩坎处应多设实栏，以给人较大的安全感。此时若设虚栏，则应有较强的坚实感。

此外，栏杆是一种水平连续、重复出现的构件，必然涉及韵律的处理，如疏密、虚实、黑白、动静感等问题。动静感也是韵律的一种反映。单一水平线与垂直线的组合，使人有一种静的感觉。如果在其中加入斜线和曲线，就形成一种有方向和起伏的运动感，若再加以疏密的变化，其运动感更强。

（一）道路护栏的种类

1. 矮栏杆

矮栏杆高度为30~40cm，不妨碍视线，视觉上对周围景观干扰少，多用于绿地的边缘或场地划分。它常做成各种花饰，成为装饰栏杆。

2. 分隔栏杆

分隔栏杆标准高度为90cm，有围护拦阻作用。因其高度在人的重心以下，若设在河岸边、岩坎边，人缺乏安全感，应用时要谨慎。

3. 防护栏杆

防护栏杆的性质和做法与分隔栏杆的相同，但其高度为120cm。如果使用的材料坚实（如钢筋混凝土、钢管等），则使人感到更安全可靠。

在特殊地段（如交通干道、交叉路口、商业街道等）应将护栏提高到120~140cm，这样才能有效地防止行人任意跨越，或防止小摊小贩坐在护栏上兜售商品。

4. 防炫装置栏

防炫装置是为在夜间行车时，防止司机感受对面来车前灯炫目而采用的设施。可采用植树作为防炫设施，但更多的是在中央分隔带上设置防炫栅或防炫网。这种形式是以条状板材两端固定于横梁上，排列如百叶窗状，板条面倾斜迎向行车方向。它常设置在高速、快速道路上，在一般城市道路上很少采用。日本所用的防炫栅（网）一般与护栏结合，全部用金属制作。

（二）护路石（护柱、路障、隔离墩）

1. 护柱的功能

护柱实际上就是竖向路障，设立护柱是防止车辆进入步行区域而不遮挡视线的最好办法之一。护柱可以用来划分道路限域，它可以把道路分成人们必须快速通过的部分和人们可以聚集、从容不迫散步的部分。护柱也可以用来标志界线和保护界面，如建筑物的墙角。护柱有以下几点功能：

（1）步车共存

设置防护栏是为了防止行人与机动车在道路领域相互侵犯。确切地说，路边护石主要是防止机动车侵入人行道，而步行者能够比较自由地通过车行道。护路石与防护栏相比，减少了人们认为步行活动受限制的心理感觉，使过往步行者感到轻松。

（2）方便步行交通

在设置护路石时，还应注意与其他附属设施的位置关系。如在护路石旁同时设有照明灯柱，会减少人行道的有效宽度，造成难以行走的现象。在这种场合可考虑利用照明灯柱作为路边护石。

（3）充当座椅的功能

在步行者中途想休息一下，或在街上遇到熟人谈话时，往往希望有一个能暂时坐一会儿的场所。按照人们的这一要求，设置一些常用座椅，未必就能解决问题。因为在人行道十分狭窄的路段，设置座椅会妨碍人们通行。因此，设置路边护石时，可采用座凳形状的石头，来兼做凳子用。在规划设计上则应注意护路石的高度，选择便于人们休坐的尺寸。

2. 设计路障时的要点

（1）色泽的选择

路边护石的色彩，原则上以保持原材料的本色最为自然。但是，由于采用的材料决定其色调，所以，为了使路面的色彩与街道的气氛相协调，应预先研究确定采用的材料。

（2）设计方案的选择

路边护石、护路栏杆不是道路景观的主角。因此，最好不要选择奇异的设计方案，以避免喧宾夺主。如果想利用路边护石来体现道路的个性，则应对方案的构思进行认真研究，选择最佳方案。在设计中避免突出路边护石。否则路边护石会与沿路建筑物、广告牌等设施争夺视线，造成道路景观混乱。

此外，在采用护路石（栏）进行步道车道分离的基础上，也要使护路石与其他道路占有物很好地共存，这是非常重要的。例如，道路标志的支撑架柱设置，与护路石的存在毫无关系时，往往人行道上的各种立柱错综复杂不整齐。如果将道路指示标志园路中护石的某一个置换位置，会减少混乱感，使道路景观统一整洁。这种场合应注意使标志支柱的颜色与护路石（栏）的基调色相协调。

第六章　居住区与单位附属绿地景观规划设计

第一节　居住区景观规划设计概述及要求

居住区作为人居环境最直接的空间，是一个相对独立于城市的"生态系统"。它是为人们提供休息、恢复的场所，使人们的心灵和身体得到放松，在很大程度上影响着人们的生活质量。现代居住区的建设，针对为人们提供"人性关系"的环境之目的，在不同的居住概念、居住模式和居住环境设计上，进行了多方面的尝试和探索。居住区绿地在城市园林绿地系统中分布最广，是普遍绿化的重要方面，是城市生态系统中重要的一环。

一、居住小区概念及组成

（一）居住区的概念

居住区概念从广义上讲就是人类聚居的区域，狭义上说是指由城市主要道路所包围的独立的生活居住地段。一般在居住区内应设置比较完善的日常性和经常性的生活服务设施，以满足人们基本物质和文化生活的需要。

（二）居住区用地的组成

居住区用地按功能要求可由下列四类用地组成：

1. 居住区建筑用地

由住宅的基底占有的土地和住宅前后左右必要留出的空地，包括通向住宅入口的小路、宅旁绿地、家务院落用地等。它一般要占整个居住区用地的50%左右，是居住区用地中占有比例最大的用地。

2. 公共建筑和公共设施用地

指居住区中各类公共建筑和公用设施建筑基底占有的用地及周围的专业用地。

3. 道路及广场用地

以城市道路红线为界，在居住区范围内不属于以上两项的道路、广场、停车场等。

4. 居住区绿化

包括居住区中心花园（公共绿地）、单位附属绿地（公共建筑及设施用地）、组团绿地、道路绿地及防护绿地等。

此外，还有在居住区范围内但又不属于居住区的其他用地。如大范围的公共建筑与设施用地、居住区公共用地、单位用地及不适于建筑的用地等。

（三）居住区建筑的布置形式

居住区建筑的布置形式，与地理位置、地形、地貌、日照、通风及周围的环境等条件都有着密切的联系，建筑的布置也多是因地制宜进行布设，而使居住区的总体面貌呈现出多种风格。一般来说，主要有下列几种基本形式：

1. 行列式布置

它是根据一定的朝向、合理的间距，成行列地布置建筑，它是居住区建筑布置最常用的一种形式。它的最大优点是使绝大多数居室获得最好的日照和通风，但是由于过于强调南北布置，整个布局显得单调呆板。所以也常用错落、拼接成组、条点结合、高低错落等方式，在统一中求得变化而使其不致过于单调。

2. 周边式布置

建筑沿着道路或院落周边布置的形式。这种布置有利于节约用地，提高居住建筑面积密度，形成完整的院落，也有利于公共绿地的布置，且可形成良好的街道景观。但是这种布置使较多的居室朝向差或通风不良。

3. 混合式布置

以上两种形式相结合，常以行列式布置为主，以公共建筑及少量的居住建筑沿道路、院落布置为辅，发挥行列式和周边式布置各自的长处。

4. 自由式布置

这种布置常结合地形或受地形、地貌的限制而充分考虑日照、通风等条件，居住建筑自由灵活地布置，这种布置显得自由活泼，绿地景观更是灵活多样。

5. 庭园式布置

这种布置形式主要用在低、高层建筑，形成庭园的布置，用户均有院落，有利于保护住户的私密性、安全性，有较好的绿化条件，生态环境条件更为优越一些。

6. 散点式布置

随着高层住宅群的形成，居住建筑常围绕着公共绿地、公共设施、水体等散点布置，它能更好地解决人口稠密、用地紧张的矛盾，且可提供更大面积的绿化用地。

二、居民区绿地的类型及功能

（一）居住区绿地的类型

1. 公共绿地

指居住区内居民公共使用的绿地。这类绿地常与老人、青少年及儿童活动场地结合布置。公共绿地又根据居住区规划结构的形成、所处的自然环境条件，相应采用二级或三级布置，即居住区公园—居住小区中心游园或居住区公园—居住生活单元组团绿地，居住区公园—居住小区中心游园—居住生活单元组团绿地。

（1）居住区公园

为全居住区居民就近使用，面积较大，相当于城市小型公园，绿地内的设施比较丰富，有体育活动场地，各年龄组休息、活动设施，画廊、阅览室、小卖部、茶室等，常与居住区中心结合布置以方便居民使用。步行到居住区公园约 10min 的路程，服务半径以 800~1 000m 为宜。

（2）居住小区中心游园

主要供居住小区居民就近使用，设置一定的文化体育设施，游憩场地，老人、青少年活动场地。居住小区中心游园设置要适中，与居住小区中心结合布置，服务半径一般以 400~500m 为宜。

（3）居住生活单元组团绿地

是最接近居民的公共绿地，以住宅组团内居民为服务对象，特别要设置老年人和儿童休息活动场地，往往结合住宅组团布置，面积在 1 000m² 左右，离住宅入口步行距离在 100m 左右为宜。

在居住区内除上述三种公共绿地外，结合居住区中心、河道、人流比较集中的地段可设置游园、街头花园。

2. 专用绿地

居住区内各类公共建筑和公用设施的环境绿地，如俱乐部、影剧院、少年宫、医院、中小学、幼儿园等用地的绿化。其绿化布置要满足公共建筑和公用设施的功能要求，并考虑与周围环境的关系。

3. 道路绿地

道路两侧或单侧的道路绿化用地，根据道路的分级、地形、交通情况等的不同进行布置。

4. 宅旁和庭围绿化

居住建筑四周的绿化用地，是最接近居民的绿地，以满足居民日常的休息、观赏、家庭活动和杂务等需要。

（二）居住区绿地的功能

居住区绿化是城市园林绿地系统中的重要组成部分，是改善城市生态环境的重要环节。生活居住用地占城市用地的 50%~60%，而居住区用地占生活居住用地的 45%~55%。在这大面积范围内的绿化，是城市点、线、面相结合中的"面"上绿化的一环，面广量大，在城市绿地中分布最广、最接近居民、最为居民所经常使用，使人们在工余之际，生活、休息在花繁叶茂、富有生机、优美舒适的环境中。居住区绿化为人们创造了富有生活情趣的环境，是居住区环境质量好坏的主要标志。随着人民物质、文化生活水准的提高，不仅对居住建筑本身，而且对居住环境的要求也越来越高，因此，居住区绿化有着重要的作用，概括而叙，有下列诸方面：

第一，居住区绿化以植物为主体，从而在净化空气、减少尘埃、吸收噪声、保护居住区环境方面有良好的作用。同时也有利于改善小气候、遮阳降温、调节湿度、降低风速，在炎夏静风时，由于温差而促进空气交换，造成微风。

第二，婀娜多姿的花草树木，丰富多彩的植物布置，以及少量的建筑小品、水体等点缀，并利用植物材料分隔空间，增加层次，美化居住区的面貌，使居住建筑群更显生动活泼，起到"佳则收之，俗则屏之"的作用。

第三，在良好的绿化环境下，组织、吸引居民的户外活动，使老人、少年、儿童各得其所，能在就近的绿地中游憩、活动，使人赏心悦目、精神振奋，可形成良好的心理效应，创造良好的户外环境。

第四，居住区绿化中选择既好看又有经济价值的植物进行布置，使观赏、功能、经济三者结合起来，取得良好的效益。

第五，在地震时利用绿地疏散人口，有着防灾避难、隐蔽建筑的作用。绿色植物还能过滤、吸收放射性物质，有利于保护人民的身体健康。

由此可见，居住区绿地对城市人工生态系统的平衡、城市面貌的美化、人们心理状态的调节都有显著的作用。近几年来，在居住区的建设中，不仅注重改进住宅建筑单体设计、商业服务设施的配套建设，而且重视居住环境质量的提高，在普遍绿化的基础上，注重艺术布局，崭新的建筑和优美的空间环境相结合。已建成了一大批花园式住宅，鳞次栉比的住宅建筑群掩映于花园之中，把居民的日常生活与园林的观赏、游憩结合起来，使建筑艺术、园林艺术、文化艺术相结合，把物质文明与精神文明建设结合起来，体现在居住区的总体建设中。

三、居住小区规划设计的要求

（一）居住区绿地的基本功能

居住区绿地是居民日常生活最为乐于使用的公共场所，居民不仅每天与它接触，而且一年四季几乎每天都与它相处，利用频率较高，尤其对于老年人和孩子们。居住区绿地的基本任务就是为居民创造一个安静、卫生、舒适的生活环境，促进居民的身心健康。其基本组成要素有山水、地形、植物、道路、建筑设施以及社会风土人情等。

居住区绿地规划布局要运用城市设计原理，以人为本，从使用功能出发，在空间层次划分、住宅组团结合、景观序列布置、小区识别性体现地方特色，创造良好的功能环境和景观环境，做到科学性与艺术性的有机结合。

1. 居住区绿地规划前的调查

住宅区原有的树木、地形等自然环境的保护，是一个重要的综合性规划问题，所以在做居住区绿化工作之前应做好社会环境和自然环境的调查，特别是和绿化有密切关系的植被调查、土壤调查、水系调查，等等。

2. 居住区绿地规划布局的原则

（1）地形起伏，景观控制正负零

在小区内部结合地势，创造地形，最容易形成自然休闲的气氛。目前的居住小区，由于建造的朝向要求及密度要求，围合出来的空间大小雷同、形态相似，缺乏变化。地形的塑造，可以使原来枯燥乏味的矩形空间起伏连绵，富于生气，进而营造出大大小小的人性空间。其间以散步小径蜿蜒相接，平添情趣。然而，社区环境中高墙林立、纵横交错，地形的营造若只是在大墙的裂缝中勉强填充，山无连亘，水难跌宕，壅塞生硬，何来一气呵成。这里的关键就在于建筑的基底（首层）标高的设定。居住小区所有建筑的正负零标高，都应该按照整体地形塑造的原则而设定，建筑群落随着地形的起伏而起伏。这样一来，山绵延而起落有章，水深远而跌落有致。

（2）步道宜窄，线形蜿蜒曲胜直

近些年来城市规划与建设中，刮起一股流行风。到处出现笔直的"景观"大道、"世纪"大道、"香榭里"大道。有的步行道宽至几十米，长数公里空而无物。很多大道不仅尺度严重失控，缺乏细部的推敲处理，而且其间充斥着硬质广场、巨型雕塑、半年也不喷水的喷泉，还有毫无遮阳效果的色带植物。这种简单追求壮观视觉效果的肤浅做法，既劳民伤财，又缺乏实用性。

居住区的步道设计应以居民的舒适度为重要指标，当曲则曲，当窄则窄，不可一味追求构图，放直放宽。在满足功能的前提下，应曲多于直，宜窄不宜宽。多放一米，则休闲效果差之千里，毫发之间，还需设计者多多留心。当然，步道设计也不可一味言窄，应力图做到有收有放，树影相荫，因坡而隐，遇水而现，以营造休闲的气氛。

（3）广场宜小，隐形外延贵绿荫

居住区的广场称之为休闲广场更为适合，一般与中心花园相结合。这一类场地的功能主要在于满足社区的人车流集散、社会交往、老人活动、儿童玩耍、散步、健身等需求。规划设计应从功能出发，为居民的使用提供方便和舒适的小空间，尽量将大型广场化整为零，分置于绿色组团之中，在小区尽量不搞市政设计中常出现的集中式大型广场，越是高档的小区越不应该搞。别墅区中则更不要设，不仅尺度不适合，而且也难以适应居住区的休闲、交往等功能。

居住区广场的形式，不宜一味追求场地本身形式的完整性，应考虑多用一些不规则的小巧灵活的构图方式。特别是广场的外延可采用虚隐的方式以避其生硬，与周围的社区环境有机地结合，共同创造休闲氛围。具体来说，在居住环境中提倡"隐形广场"有两方面的原因。

其一，居住区内的建筑与环境为一整体，居民楼的外形一般简单而强烈，若景观场地一味强调本身的平面构图，则极易与周边的建筑线产生冲突。在四座楼体之间所设置的广场，若采用强烈而完整的构图。则与周围建筑线相冲突，缺乏呼应，而且会在其与建筑之间产生一系列的难以处理的边角空间。而放弃鲜明的平面构图，采用折线式的外延处理，则可以化解矛盾于无形，更有利于植物景观与硬质景观之间的相互穿插，更富于生气，更显得休闲。

其二，隐形广场的处理更易于将其他的环境因素有机地组织在广场空间内，使硬质景观与软质景观融为一体，你中有我，我中有你，望之无骨而用之怡然。此外，居住区内的广场设计，一定要避免城市广场设计中缺乏绿荫的通病。我们见到太多的广场，地面上的铺装样式穷极变化——横线条、竖线条、横线条加竖线条中间再来个曲线穿插而过，可就是不见绿荫。其实，广场设计追求视觉形象和文化符号的陈列也无可厚非，但这并不是居住区广场唯一的功能，也不是最重要的。因为广场是人的广场，是为居民而设计的，除了文化氛围外，还有更重要的用途：推着婴儿车的妇女在广场相遇；手提鸟笼的老人石桌对弈；欢呼雀跃的儿童追逐藏觅；饮品亭前落座的情侣啜咖啡；广场中央哄笑的男孩们或站或坐；鲜花摊前的女孩百般挑选，良久徘徊。这一切都少不了大树的绿荫。

广场上的林荫用好了不但不会削弱构图的形式美，还会使其得到加强。例如有序排列的树阵，就可以使广场的线向更加明确，更有益于烘托主题，增加层次，其简洁而不失单调，亲切而不乏气势，应在广场设计中多多应用。

（4）密植分层，木色秀润掩墙基

①要使居住区显得舒适宜居，一个重要的原则便是多种植物，尤其是乔灌木，以增加绿量，特别是接近视线高度的绿量。居住区中的植物配置应提倡使用植物的自然形态，尽量避免人工修剪，追求自然群落郁郁葱葱的效果。灌木的使用应避免东两棵、西三棵地散置于草皮中，应成群成片，方成气候。要使植物各展其姿又密而不乱，首先应讲求植物的层次，从低向高依次为草皮、地被、灌木、小乔木、大乔木等，配合地形，围合出丰富的绿色空间。在这里，草坪就像是天堂中的地毯，精美与否很大程度上取决于边界的限度和处理。在居住区狭小的空间内，草地在乔木和灌木下漫无边界地延伸会显得零乱、粗糙。比较好的做法是用地被或灌木群将草坪的边缘清晰地限定出来。草坪的边界可以是直线构成（硬质界面），也可以是优美的曲线，但一定要有明显的界面。如用硬质铺装限定草坪边界，一般应避免大片的草坪与大片的铺装相接，造成过空、过硬，缺乏层次感。乔木一般应置于地被或灌木群中，避免直接置于草地中。大乔木所形成的疏林草地的效果，在相对狭小的居住区空间内不仅难以实现，而且极易流于粗糙。

②建筑物墙基部分的绿化处理问题。中国的山水画，常见山顶峰石耸突，山脚则木色秀润。建筑的墙面视作国画中的山体，山顶已突得不能再突，山脚则应极之秀润。密绿层层，以灌木群配以乔木掩之，效果更佳。建筑的转角处，其勒脚部分为三个向面的交汇点，除上述绿化处理外，还应塑造地形，有如山脚之延续，并在灌木之上置大乔木，以掩其锐。

（5）自然坡岸，经营水景可用巧

众所周知，居住区中有水景可以使房子卖得更好，买家更喜欢。原因就在于水的引入，可以使居住区环境充满灵气。做好了，平添休闲气氛。调查显示，有79%的购房者认为水景是高档居住区的必备条件。问题在于，水景该如何做？在居住区有限的空间内，水景与观赏者的空间应该如何考虑？真的是水面越大越好吗？

水本身是不具形态的，水给人带来的感受很大程度上是由装水的容器所决定。同样崭新的玻璃器皿，装在烟灰缸里的清水无论如何也不会像盛在茶杯里那样吸引人。同样，居住区水景带给人的感受很大程度上取决于水岸线的处理。

居住区中的水景，应尽可能用缓坡与植物营造出自然的坡岸。即便是广场中央的喷泉水景也可以在其周边设植床，再围以广场铺装。

在居住区内设计水景应遵循两条原则：

①步道不宜一味临水，步道与水面应是若即若离、时隐时现。这样人在小路上行走，

不但能够体验到多层次的景观感受，而且也使自然坡度的长度和沿岸植物群落的厚度得到了保证。

②邻水步道不宜贴水。在居住环境中，除重点处理的亲水平台外，其余临水步道皆应与岸线保持一定的距离（建议 1.2m 以上）。在此间距内，用不阻挡景观视线的乔灌木装点自然式坡岸。这样既提供了亲岸赏水的方便，又维系了水景本身的质量。

水景是营造居住区休闲气氛的重要手段，甚至可以使房地产的价值得以提升。然而营造水景的造价及后期高昂的管理费用，往往使开发商们犹豫再三。特别是在一些水资源奇缺的城市，要创造自然式的水景感受，更是谈何容易？这里"感觉"一词非常关键。要给人带来亲水的环境感受并不一定需要用很多水，自然状态下的水景带给人的感受是综合的，是水体与其周边多种环境因素共同形成的。如果能够把人们对自然状态下水环境的经验与感受考虑进去，结合在设计中，即可收到以少胜多的效果。

（6）弱化通道，消防车道痕迹无

根据相关建筑法规的要求，居住区内都要贯穿一条消防通道，以备火灾出现时救火车通达之用。从功能上看，它属于必备的车行道，一般宽度至少要求 4m，登高面则需 7m×7m。宽大的硬质路面对于小区的景观往往产生很大的负面影响。这些通道不仅占去了楼间宝贵的绿化面积，使本来就不大的景观空间变得更小、更零碎，而且它们往往贴近建筑，线形僵硬，很难与周边的景观环境相融。设计时应将消防通道有机地结合在居住区景观环境中，使其从风格上与其他景观元素相融合。从构图到铺装材质上加以精心处理，使其更加步道化、休闲化。具体的手法可归纳为如下三个方面：

①构图处理。利用小尺度的折线及曲线形成一些小型的休闲空间，打破通道简单生硬的构图空间形式，使其有收有放，具有休闲步道的感觉并且兼顾消防通道的功能。

②铺装及小品处理。消防通道的铺装，可根据情况全部或局部地采用步行道系统铺装材料或形式，这样可以从感觉上避免使它成为车行道的延续，而更像是步行道的一部分。此外，局部可拓宽处理成结点（与步道交汇等）。利用景观小品形成可停留的空间，以弱化消防车线的通道路。

③绿化处理。避免用绿化强调通道的线向，强调结点，强调领域感。利用高低错落的植物群落丰富沿线的景观层次，将视线引向通道周边各个景观区段内。此外，在不影响通道功能的前提下，应见缝插针地布置绿化，使其更具步道的节奏与尺度，令人感到更加亲切，更有趣味。

（二）居民区绿化设计的系统性和艺术性

随着社会生产力的发展，人们的居住环境日益得到改善，然而人和人之间的交往却越来越少，人与自然的接触也越来越少，因此创造人与人、人与自然的接触环境是居住区绿化设计的一个重要内容。合理的居住区绿地总体规划布局、植物配置、游憩空间的组织及尺度、宜人的园林小品将满足人的生态需要、视觉需要、行为需要。20 世纪 90 年代以来在市场经济形势下，居住区绿化、美化面临着许多时代的要求。

1. 适应现代建筑环境

现在的居民区以多层和高层建筑群为主，建筑立面造型新颖、简洁明快，现代风格突出。居住区整体环境空间变化丰富，形式多样。在这些现代化居住区中，一些传统的园林设计手法，如封闭的空间布局，烦琐零碎的植物种植，就明显表现出不适应性。因此新的建筑环境，要求绿化、美化应该有所创新，创造出新的绿地景观、绿地风格与现代建筑风格相和谐的环境。

2. 满足功能要求

20 世纪 80 年代以前的居住区绿化，大都功能单一，仅仅是普通绿化。20 世纪 80 年代中期以来，随着我国试点小区的建设发展，人们对居住环境的绿化、美化有了新的认识，不仅重视绿地的数量，更重视绿地的质量。并且要求其和环境设施相结合，共同满足舒适、卫生、安全、美观的综合要求，满足人们对室外绿地环境的各种使用功能要求。

3. 现代审美特征

现代社会人们的生活节奏明显加快，社会也越来越开放，对居住区环境绿化的要求也在提高，在注重局部的同时，更重视整体效果；在静态观赏的同时，还常有远距离的动态观赏；不仅仅是平面的观赏，还常常有高空鸟瞰观赏。而且随着时代的变化，社会流行艺术潮流在变化，人们的审美、欣赏情趣也在变化。所有这些，都要求居住区环境绿化、美化也必须跟上时代潮流，创造新的表现形式，以适应人们变化的审美观念。

4. 创造积极休闲的环境

由于每周五天工作日的实行，人们的闲暇时间明显增多，并且随着居民生活质量的提高，人们也要求有更多的户外活动。而且现代社会，人们的孤独感日益增强，普遍渴望有更多的机会与他人交往、交流，尤其是广大青少年更是希望有良好的户外活动环境。所有这些都要求居住区环境美化、绿化应该重实用性，在担负多功能的同时，能为居民创造出积极的、有活力的"家"的气氛和浓厚的休闲环境。

第二节　居住区景观的设计方法

一、居住区公园的分类

居住区公园可根据服务对象及大小分为居住区公园、居住区小游园和组团绿地三类。

（一）居住区公园

居住区公园是为整个居住区居民服务的，公园面积比较大，其布局与城市小公园相似，设施比较齐全，内容比较丰富，有一定的地形地貌、小型水体，有功能分区、景色分区，除了花草树木外，有一定比例的建筑、活动场地、园林小品、休息设施。居住区公园布置紧凑，各功能分区或景区间的节奏变化比较快。居住区公园与城市公园相比，游人成分单一，主要是本居住区的居民，游园时间比较集中，多在早、晚，特别是夏季的晚上是游园高峰，因此，加强照明设施、灯具造型、夜香植物的布置，突出居住区公园的特色。一般3万人左右的居住区可以有2~3hm² 规模的公园，居住区公园里树木茂盛是吸引居民的首要条件，另外居住区公园应在居民步行能达到的范围之内，最远服务半径不超过1 000m，位置最好与居住区的商业文娱中心结合在一起。

（二）居住区小游园

小游园是为居民提供工余、饭后活动休息的场所，利用率高，要求位置适中，方便居民前往，充分利用自然地形和原有绿化基础，并尽可能和小区公共活动或商业服务中心结合起来布置，使居民的游憩和日常生活活动相结合，使小游园以其能方便到达而吸引居民前往。购物之余，到游园内休息、交换信息，或到游园游憩的同时，顺便购买物品，使游憩、购物两方便。如与公共活动中心相结合，也能达到同样的效果。

一般1万人左右的小区可有一个大于0.5hm² 的小游园，服务半径不超过500m。小游园仍以绿化为主，多设些座椅让居民在这里休息和交往，适当开辟铺装地面的活动场地，也可以有些简单的儿童游戏设施。游园应面积不大，内容简洁朴实，具有特色，绿化效果明显，受居民的喜爱，丰富小区的面貌。小游园平面布置形式可有以下三种：

1. 规则式

即几何图式，园路、广场、水体等依循一定的几何图案进行布置，有明显的主轴线，分为规则对称或规则不对称，给人以整齐、明快的感觉。

2. 自由式

布局灵活，能充分利用自然地形、山丘、坡地、池塘等，迂回曲折的道路穿插其间，给人以自由活泼、富于自然气息之感。自然式布局能充分运用我国传统造园艺术手法于居住区绿地中，获得良好的效果。

3. 混合式

规则式及自由式相结合的布置，既有自由式的灵活布局，又有规则式的整齐，与周围建筑、广场协调一致。

园路是小游园的骨架，既是连通各休息活动场地及景点的脉络，又是分隔空间及居民休息散步的地方。园路随地形变化而起伏，随景观布局之需要而弯曲、转折，在折弯处设置树丛、小品、山石，增加沿路的趣味，设置座椅处要局部加宽。园路宽度以不小于2人并排行走的宽度为宜，一般主路宽3m左右，次路宽1.5~2m，纵坡最小为0.3%，超过0.8%时要以台阶式布置。路面最简易的为水泥或沥青铺装，亦可以虎皮石、卵石纹样铺砌，预制彩色水泥板拼花等，以加强路面艺术效果，在树木衬映下更显优美。

小游园广场是以休息为主，设置座椅、花架、花台、花坛、花钵、雕塑、喷泉等，有很强的装饰效果和实用效果，为人们休息、游玩创造良好的条件。

在小游园里布置的休息、活动场地，其地面可以进行铺装，用草皮或吸湿性强的沙质铺地，人们可在这里休息、打羽毛球、做操、打拳、弈棋等。广场上还可适当栽植乔木，以遮阳避晒，围着树干可制作椅子，为人们提供休坐之处。

小游园以植物造园为主，在绿色植物衬映下，适当布置园林建筑小品，能丰富绿地内容，增加游憩趣味，空间富于变化，起到点景作用，也为居民提供停留、休息、观赏的地方。小游园面积小，又为住宅建筑所包围，因此要有适当的尺度感，总的说来应宜小不宜大，宜精不宜粗，宜轻巧不宜笨拙，使之起到画龙点睛的效果。小游园的园林建筑及小品有亭、廊、榭、棚架、水池、喷泉、花坪、花台、栏杆、座凳，以及雕塑、果皮箱、宣传栏等。

(三) 组团绿地

1. 组团绿地的位置

组团绿地是直接靠近住宅的公共绿地，通常是结合居住建筑组布置，服务对象是组团内居民，主要为老人和儿童就近活动、休息提供场所。有的小区不设中心游园，而以分散在各组团内的绿地、路网绿化、专用绿地等形成小区绿地系统。也可采取集中与分散相结合，点、线、面相结合的原则，以住宅组团绿地为主，结合林荫道、防护绿带以及庭院和宅旁绿化构成一个完整的绿化系统。每个团组由 6~8 栋住宅组成，高层建筑可少一些，每个组团的中心有块约 1 300m^2 的绿地，形成开阔的内部绿化空间，创造了家家开窗能见绿，人们出门可踏青的富有生活情趣的生活居住环境。组团绿地的位置根据建筑组群的不同组合而形成，可有以下几种方式：

（1）利用建筑形成的院子布置，不受道路行人车辆的影响，环境安静，比较封闭，有较强的庭院感。

（2）扩大住宅的间距布置，可以改变行列式住宅的单调狭长空间感；一般将住宅间距扩大到原间距的 2 倍左右。

（3）行列式住宅扩大山墙间距为组团绿地，打破了行列式山墙间形成的狭长胡同的感觉，组团绿地又与庭院绿地互相渗透，扩大绿化空间感。

（4）住宅组团的一角，利用不便于布置住宅建筑的角隅空地，能充分利用土地，由于在一角，加长了服务半径。

（5）结合公共建筑布置，使组团绿地同专用绿地连成一片，相互渗透，有扩大绿化空间感。

（6）居住建筑临街一面布置，使绿化和建筑互相衬映，丰富了街道景观，也成为行人休息之地。

（7）自由式布置的住宅，组团绿地穿插其间，组团绿地与庭院绿地结合，扩大绿色空间，构图亦显得自由活泼。

2. 组团绿地的布置方式

（1）开敞式，即居民可以进入绿地内休息活动，不以绿篱或栏杆与周围分隔。

（2）半封闭式，以绿篱或栏杆与周围有分隔，但留有若干出入口。

（3）封闭式，绿地为绿篱、栏杆所隔离，居民不能进入绿地，亦无活动休息场地，可望而不可即，使用效果较差。

另外组团绿地从布局形式来分，有规则式、自然式和混合式三类。

二、宅间绿地

宅间绿地，同居民关系最密切，是使用最为频繁的室外空间。宅间绿地是居民每天必经之处，使用十分方便；且宅间绿地具有"半私有"性质，满足居民的领域心理，而受到居民的喜爱与爱护。同时宅间绿地在居民日常生活的视野之内，便于邻里交往，便于学龄前儿童较安全地游戏、玩耍。另外宅间绿地直接关系居民住宅的通风透光、室内安全等一些具体的生活问题，因此备受居民重视。宅间绿地因住宅建筑的高低、布局方式，地形起伏，其绿化形式有所区别时，绿化效果才能够反映出来。

（一）宅间绿地应注意的问题

1. 绿化布局、树种的选择要体现多样化，以丰富绿化面貌。行列式住宅容易造成单调感，甚至不易辨认外形相同的住宅，因此可以选择不同的树种、不同布置方式，成为识别的标志，起到区别不同行列、不同住宅单元的作用。

2. 住宅周围常因建筑物的遮挡造成大面积的阴影，树种的选择上受到一定的限制，因此要注意耐阴树种的配植，以确保阴影部位良好的绿化效果。可选用桃叶珊瑚、罗汉松、十大功劳、金丝桃、金丝梅、珍珠梅、绣球花等，以及玉簪、紫萼、书带草等宿根花卉。

3. 住宅附近管线比较密集，如自来水管、污水管、雨水管、煤气管、热力管、化粪池等，应根据管线分布情况，选择合适的植物，并在树木栽植时要留够距离，以免后患。

4. 树木的栽植不要影响住宅的通风采光，特别是南向窗前尽量避免栽植乔木。尤其是常绿乔木，在冬天由于常绿树木的遮挡，使室内晒不到太阳，而有阴冷之感，是不可取的，若要栽植一般应在窗外5m之外。

5. 绿化布置要注意尺度感，以免由于树种选择不当而造成拥挤、狭窄的不良心理感觉。树木的高度、行数、大小要与庭院的面积、建筑间隔层数相适应。

6. 把庭院、基层、天井、阳台、室内的绿化结合起来，把室外自然环境通过植物的安排与室内环境连成一体，使居民有一个良好的绿化环境，使人赏心悦目。

（二）宅间绿化布置的形式

1. 低层行列式空间绿化

在每幢房屋之间多以乔木间隔，选用和布置形式应有差异。基层的杂物院、晒衣场、垃圾场，一般都规划种植常绿绿篱加以隔离。向阳一侧种植落叶乔木，用以夏季遮阴，冬季采光。背阴一侧选用耐阴常绿乔灌木。以防冬季寒风，东西两侧种植落叶大乔木，减少夏季东西日晒。靠近房基处种植住户爱好的开花灌木，以免妨碍室内采光与通风。

2. 周边式居住建筑群中部空间的绿化

一般情况下可设置较大的绿地，用绿篱或栏杆围成一定的用地，内部可用常绿树分隔空间，可自然式亦可规则式，可开放型，亦可封闭型。设置草坪、花坛、座椅、座凳，既起到隔声、防尘、遮拦视线、美化环境的作用，又可为居民提供休息场所，形式可多样，层次宜丰富。

3. 多单元式住宅四周绿化

由于单元式住宅大多空间距离小，而且受建筑高度的影响，比较难以绿化。一般南面可选用落叶乔木辅之以草坪，增加绿地面积，北面宜选用较耐阴的乔、灌木进行绿化，在东西两边宜栽植高大落叶乔木，可起到冬季防风，盛夏遮阴的良好效果。为进一步防晒，可种植攀缘植物，垂直绿化墙面，效果也好。

4. 庭院绿化

一般对于庭院的布置，因其有较好的绿化空间，多以布置花木为主，辅以山石、水池、花坛、园林小品等，形成自然、幽静的居住生活环境，甚至可依居民嗜好栽种名贵花木及经济林木。赏景的同时，辅以浓浓的生活气息。也可以草坪为主，栽种树木花草，而使场地的平面布置多样而活泼、开敞而恬静。

5. 住宅建筑旁的绿化

住宅建筑旁的绿化应与庭院绿化、建筑格调相协调。目前小区规划建设中，住宅单元大部分是北（西）入口，底层庭院是南（东）入口。北入口以对植、丛植的手法，栽植耐阴灌木，如金丝桃、金丝梅、桃叶珊瑚、珍珠梅、常春藤、金银花等，做成拱门。在入口处注意不要栽种尖刺的植物，如凤尾兰、丝兰等，以免伤害出入的居民，特别是幼小儿童。墙基、角隅的绿化，使垂直的建筑墙体与小平地地面之间以绿色植物为过渡，如植铺地柏、鹿角柏、麦冬、葱兰等，角隅栽植珊瑚树、八角金盘、凤尾竹、棕竹等，使沿墙处的屋角绿树茵茵，色彩丰富，打破呆板、枯燥、僵直的感觉。

6. 生活杂物用场地的绿化

在住宅旁有晒衣场、杂物院、垃圾站等：一要位置适中；二是采用绿化将其隐蔽，以免有碍观瞻。近年来建造的住宅都有生活阳台，首层庭院，可以解决晒衣问题，不另辟晒衣场地。但不少住宅无此设施，在宅旁或组团场地上开辟集中管理的晒衣场，其周围栽植常绿灌木，如珊瑚树、女贞等，既不遮蔽阳光，又能显得整齐，不碍观瞻，还能防止尘土把晒的衣物弄脏。垃圾站点的设置也要选择适当位置，既便于倾倒、清运垃圾，又易于遮蔽。一般情况下，在垃圾站点外围密植常绿树木，将其遮蔽，可起到绿化并防止垃圾因风飞散而造成再污染，但是要留好出入口，一般出入口应位于背风面。

三、居住区道路绿化

道路绿化如同绿色的网络，将居住区各类绿化联系起来，是居民上班工作，日常生活的必经之地，对居民区的绿化面貌有着极大的影响，有利于居住区的通风，改善小气候，减少交通噪声的影响。保护路面，以及美化街景，以少量的用地，增加居住区的绿化覆盖面积。道路绿化布置的方式，要结合道路横断面，所处位置，地上地下管线状况等进行综合考虑。居住区道路不仅是交通、职工上下班的通道，往往也是散步的场所。主要道路应绿树成荫，树木配植的方式，树种的选择应不同于城市街道，形成不同于市区街道的气氛，使乔木、灌木、绿篱、草地、花卉相结合，显得更为生动活泼。

（一）主干道旁的绿化

居住区主干道是联系各小区及居住区内外的主要道路，除了人行外，车辆交通比较频繁，行道树的栽植要考虑行人的遮阴与交通安全，在交叉口及转弯处要依照安全三角视距要素绿化，保证行车安全。主干道路面宽阔，选用体态雄伟、树冠宽阔的乔木，使主干道绿树成荫。在人行道和居住建筑之间可多行列植或丛植灌木，以起到防止尘埃和隔音的作用，行道树以馒头柳和紫薇为主，以贴梗海棠、玫瑰、月季相辅。绿带内以开花繁密，花期长的半枝莲为地被，在道路拓宽处可布置些花台、山石小品，使街景花团锦簇，层次分明，富于变化。

（二）次干道旁的绿化

居住小区道路，是联系各住宅组团之间的道路，是组织和联系小区各项绿地的纽带，对居住小区的绿化面貌有很大作用。这里以人行为主，也常是居民散步之地，树木配置要活泼多样，根据居住建筑的布置、道路走向以及所处位置、周围环境加以考虑。树种选择上可以多选小乔木及开花灌木，特别是一些开花繁密的树种、叶色变化的树种。不同断面种植形式，使每条路各有个性，在一条路上以某一两种花木为主体，形成合欢路、樱花路、紫薇路、丁香路等。如北京古城居住区的古城路，以小叶杨做行道树，以丁香为主栽树种，春季丁香盛开，一路丁香一路香，紫白相间一路彩，给古城路增景添彩，也成为古城居民欣赏丁香的美好去处。

（三）住宅小路的绿化

住宅小路是联系各住宅的道路，宽2m左右，供人行走，绿化布置时要适当后退0.5~1m，以便必要时急救车和搬运车驶近住宅。小路交叉口有时可适当放宽，与休息场地结合布置，也显得灵活多样，丰富道路景观。行列式住宅各条小路，从树种选择到配置方式采取多样化，形成不同景观，也便于识别家门。如北京南沙沟居住小区，形式相同的住宅建筑间小路，在平行的11条宅间小路上，分别栽植馒头柳、银杏、柿、元宝枫、核桃、油松、泡桐、香椿等树种，既有助于识别住宅，又丰富了住宅绿化的艺术面貌。

第三节　居住区景观的植物配置和树种选择

一、植物配置

绿化是创造舒适、卫生、优美的游憩环境的重要条件之一，所以在进行绿化植物配置时，首先考虑是否符合植物生态及功能要求和是否能达到预期的景观效果。

在进行具体地点的植物配置时，要因地制宜、结合不同的地点，采用不同的配置方法，一般原则是：

1. 乔灌结合，常绿和落叶、速生和慢生相结合，适当地配置和点缀一些花卉、草皮。在树种搭配上，既要满足生物学特性，又要考虑绿化景观效果。绿化覆盖率要达到50%以上，这样才能创造出安静和优美的环境。

2. 植物种类不易繁多，但也要避免单调，更不能配置雷同，要达到多样统一。在儿童游戏场，要通过少量不同树种的变化，便于儿童记忆、辨认场地和道路。

3. 在统一基调的基础上，树种力求有变化，创造出优美的林冠线和林缘线，打破建筑群体的单调和呆板感。在儿童游戏场内，为了适合儿童的心理，引起儿童的兴趣，绿化树种的树形要丰富，色彩要明快，比例尺度要适合儿童，如修剪成不同形状和整齐矮小的绿篱等。在公共绿地的入口处和重点地方，要种植体形优美、色彩鲜艳、季相变化丰富的植物。

4. 在栽植上，除了要求行列式栽植外，一般都要避免等距、等高的栽植。可采用孤植、对植、丛植等，适当运用对景、框景等造园手法，装饰性绿地和开放性绿地相结合创造出千变万化的景观。

二、树种选择

目前居住区一般人口集中，住房拥挤，绿地缺乏，环境条件比较差，植树造林人为损害较大。所以在居住区绿化中，除了要符合总的规划和统一的风格外，还要充分考虑选用具有以下特点的树种：

（一）生长健壮、便于管理的乡土树种

在居住区内，由于建筑环境的土质一般较差，宜选耐瘠薄、生长健壮、病虫害少、粗放管理的乡土树种，这样可以保证树木生长茂盛，绿化收效快，并具有地方特色。

（二）树冠大、枝叶茂密，落叶、阔叶乔木类的树种

在酷暑的夏季，可使居住区有大面积的遮阴，枝叶繁茂，能吸附一些灰尘，减少噪声，使居民的生活环境安静，空气新鲜，冬季又不遮阳光。如北方的淮、椿、杨树，南方的木棉、悬铃木、樟树等。

第四节　机关单位与工矿企业绿地景观规划设计

一、机关单位绿地景观规划设计

机关单位绿地是指党政机关、行政事业单位、各种团体及部队管界内的环境绿地，也是城市景观绿地系统的重要组成部分。搞好机关单位的景观绿化，不仅为工作人员创造良好的户外活动环境，在工作时间得到身体放松和精神享受，给前来联系公务和办事的人留下美好的印象，提高单位知名度和荣誉度；也是提高城市绿化覆盖率的一条重要途径，对于绿化美化市容，保护城市生态系统平衡，起着举足轻重的作用；还是机关单位乃至整个城市管理水平、文明程度、文化品位、面貌和形象的反映。

机关单位绿地与其他类型绿地相比，规模小、较分散。其景观绿化须在"小"字上做文章，在"美"字上下功夫，突出特色及个性化。

机关单位往往位于街道侧旁，其建筑物又是街道景观的组成部分。因此，景观绿化要结合文明城市、景观城市、卫生和旅游城市的创建工作，结合城市建设和改造，逐步实施"拆墙透绿"工程，拆除沿街围墙或用透花墙、栏杆墙代替，使单位绿地和街道绿地相互融合、渗透、补充、统一和谐。新建和改造的机关单位，在规划阶段就进行控制，尽可能扩大绿地面积，提高绿地率。在建设过程中，通过审批、检查、验收等环节，严格把关，确保绿化美化工程得以实施。大力发展垂直绿化和立体绿化，使机关单位在有限的绿地空间内取得较大的绿化效果，增加绿量。机关单位绿地主要包括出入口绿地、办公楼前绿地（主要建筑物前）、附属建筑旁绿地、庭院休息绿地（小游园）、道路绿地等。

（一）大门出入口绿地

大门入口处是单位形象的缩影，入口处绿地也是单位绿化的重点之一。绿地的形式、色彩和风格要与入口空间、大门建筑统一协调，设计时应充分考虑，以形成机关单位的特色风格。一般大门外两侧采用规则式种植，以树冠规整、耐修剪的常绿树种为主，与大门

形成强烈对比，或对植于大门两侧，衬托大门建筑，强调入口空间。可在入口处的对景位置设计花坛、喷泉、假山、雕塑、树丛、树坛及影壁等。

大门外两侧绿地，应由规则式过渡到自然式，并与街道绿地中人行道绿化带结合。入口处及临街的围墙要通透，也可用攀缘植物绿化。

（二）办公楼绿地

办公楼绿地可分为楼前装饰性绿地（此绿地有时与大门内广场绿地合二为一）、办公楼入口处绿地及楼前基础绿地。

大门入口至办公楼前，根据空间和场地大小，往往规划成广场，供人流交通集散和停车，绿地位于广场两侧。若空间较大，也可在楼前设置装饰性绿地，两侧为集散和停车广场。大楼前的广场在满足人流、交通、停车等功能的条件下，可设置喷泉、假山、雕塑、花坛、树坛等，作为入口的对景，两侧可布置绿地。办公室楼前以规则式、封闭型为主，对办公楼及空间起装饰衬托美化作用；以草坪铺底，绿篱围边，点缀常绿树和花灌木，低矮开敞，或做成模纹图案，富有装饰效果。办公楼前广场两侧绿地，视场地大小而定，场地小宜设置成封闭型绿地，起绿化、美化作用，场地大可建成开放型绿地，兼休息功能。

办公楼入口处绿地，一般结合台阶，设花坛或花台，用球形或尖塔形的常绿树或耐剪的花灌木，对植于入口两侧，或用盆栽的苏铁、棕榈、南洋杉、鱼尾葵等摆放于大门两侧。

办公楼周围基础绿带，位于楼与道路之间，呈条带装，既美化衬托建筑，又进行隔离，保证室内安静，还是办公楼与楼前绿地的衔接过渡。绿化设计应简洁明快，绿篱围边，草坪铺底，栽植常绿树和花灌木，低矮、开敞、整齐，富有装饰性。在建筑物的背阴面，要选择耐阴植物。为保证室内通风采光，高大乔木可栽植在建筑物5米之外，为防日晒，也可与建筑两山墙处结合行道树栽植高大乔木。

（三）庭院式休息绿地（小游园）

如果机关单位内有较大面积的绿地，可设计成休息性的小游园。游园中植物绿化、美化为主，结合道路、休闲广场布置水池、雕塑及花架、亭、桌、凳等景观建筑小品和休息设施，满足人们休息、观赏、散步活动之用。

（四）附属建筑绿地

单位附属建筑绿地指食堂、锅炉房、变电室、车库、仓库、杂物堆放等建筑及围墙内的绿地。这些地方的绿化首先要满足使用功能，如堆放煤及煤渣、垃圾、车辆停放、人流交通、供变电要求等。其次要对杂乱的、不卫生、不美观之处进行遮蔽处理，用植物形成隔离带，阻挡视线，起卫生防护隔离和美化作用。

二、工矿企业绿地规划设计

工厂绿地是工厂环境的有机组成部分。为了处理好绿地与工厂环境的关系，处理好不同分区，不同类型绿地的关系，更好地发挥工厂绿地的综合功能，必须根据工厂的特点和对绿地的要求，对工厂绿地进行全面规划、合理配置，使绿地达到改善生产环境和丰富建筑艺术面貌的目的。

我国制定的建设景观式企业的目标为：提高绿地率和绿视率，提高单位面积的植物叶面积数，充分利用植物的合成分解作用提高循环能力，提高景观质量，发挥景观绿化的多种功能，达到生态效益、社会效益和经济效益的相互统一，从而创造出无污染、无废物、高效能、优美文明的现代工厂的生态环境，更好地为生产、为职工健康服务。

（一）工厂绿地规划设计的依据与指标

1. 主要依据

包括自然条件、社会条件和工厂特点三个方面。自然条件是指气候条件、土壤条件、植被情况、地形、地质等。社会条件是指工厂与城市规划的关系、与地方居民的关系、与工厂员工的关系、与其他企业的关系等。工厂特点是主要技术经济指标、"三废"污染情况、生产特点、建筑空间特点、绿地现状等。

2. 工厂绿地规划设计的主要指标

工厂绿地规划是工厂总体规划的一部分。绿地在工厂中要充分发挥作用，必须有一定的面积来保证。一般来说，只要设计合理，绿地面积越大，减噪防尘、吸毒、改善小气候的作用也就越大。工厂绿化用地指标通常用绿地率来衡量，这项指标决定了绿地的地位和前途，是工厂绿地规划的主要指标。影响工厂绿地率的因素有工厂的种类、规模、选址等。不同的工厂由于生产性质不同，在用地要求和用地分配等方面也不同。一般来说，生产环节多、各生产环节复杂的工厂建筑多而分散，道路长，如钢铁联合企业、石油化工企业。反之，生产环节简单的工厂中建筑少而集中，道路短，如建材厂、食品厂、针织厂等。工厂绿地主要分布在建筑周围和道路两旁，与因通风、采光、保护、建筑艺术等要求而留出的间距、空地的多少成正相关，与建筑道路的占地系数成负相关。室外操作多、产品体积大、运输量大的工厂绿地率较低（如木材厂、煤炭厂、电缆厂等）。反之，生产操作以室内为主、产品体积小、储量小的工厂，如工艺品厂、仪表厂、服装厂、电子厂等，室外空地大部分可用来绿化。污染较重或者对环境质量要求较高的工厂需要有较多的绿地，而污染较轻且对环境又无特殊要求的工厂绿地面积可相对少些，达标即可。

工厂绿化用地的多少也与工厂在城市中的位置有关。一般分布在市中心的工厂用地紧张，绿地少，郊区的工厂绿地则多。

由于工厂情况各不相同，影响绿地率的因素又很多，在进行工厂绿地规划和评价时，必须从实际情况出发，对于各种因素进行全面分析。根据城市绿地规划的要求和实例调查的情况，从总体来说，城市工业用地的绿地率应为30%左右。

另外，工厂绿地指标还可以用绿地覆盖率来表示，其为全厂绿地覆盖面积与厂区总面积之比。植物覆盖面积指植物的垂直投影面积，等于或大于绿化用地面积，也有小于绿地率的情况。绿地率一定时，覆盖率的大小与单位绿地大小及绿地构成有关。绿地率大，覆盖率小，说明绿地较集中，绿地中非植物因子多；相反，绿地率小，覆盖率大，而且差距较大，说明绿地过于分散，绿化植物中大树较多。在某一特定环境中，绿地率与覆盖率应保持一定的比例。

（二）工矿企业景观绿化的基本原则和要求

工矿企业绿化是一项综合性很强、十分复杂的工作，它关系到全厂各区、车间内外生产环境的好坏，所以在规划时就要注意如下几个方面的问题：

1. 满足生产和环境保护的要求，把保证工厂的安全生产放在首位

工厂绿化应根据工厂性质、规模、生产和使用特点、环境条件对绿化的不同功能要求进行规划。在设计中不能因绿化而任意延长生产流程和交通运输路线，影响生产的合理性。

例如干道两旁的绿地要服从于交通功能的需要，服从管线使用与检修的要求；在某些一地多用，兼做交通、堆放、操作等地方尽量用大乔木来绿化，用最小绿地占地获得最大绿化覆盖率，以充分利用树下空间；车间周围的绿化必须注意绿化与建筑朝向、门窗位置、风向等的关系，充分保证车间对通风和采光的要求。在无法避开的管线处设计时必须考虑种类植物距离各种管线的最小净间距，不能妨碍生产的正常进行，选择耐修剪植物。只有从生产的工艺流程出发，根据环境的特点，明确绿地的主要功能，确定适合的绿化方式、方法，合理地进行规划，科学地进行布局，才能使绿化达到预期效果。

2. 厂区应该有合适的绿地面积，提高绿地率

工厂绿地面积的大小，直接影响到绿化的功能、工业景观，因此要想方设法，多种途径、多种形式地增加绿地面积，以提高绿地率、绿视率。由于工厂的性质、规模、所在地

的自然条件以及对绿化要求的不同，绿地面积差异悬殊。我国目前大多数工厂绿化用地不足，特别是一些位于旧城区的工厂绿化用地更加偏紧。

要通过多种途径，积极扩大绿化面积，坚持多层次绿化，充分利用地面、墙面、屋面、棚架、水面等形成全方位的绿化空间。

3. 工矿企业绿化还应该有自己的特色，充分为生产和工人服务

工厂绿化是以工业建筑为主体的环境净化和美化，要体现本厂绿化的特点与风格，充分发挥绿化的整体效果。工厂因其生产工艺流程的要求，以及防火、防爆、通风、采光等要求，形成工厂特有的建（构）筑物的外形及色彩，厂房建筑与各种构筑物的联系，形成工厂特有的空间和别具一格的工业景观。如热电厂有着优美造型的双曲线冷却塔，纺织厂锯齿形开窗的车间，炼油厂的纵横交错、色彩丰富的管道，化工厂高耸的露天装置等。工厂绿化就是在这样特点的环境中，以花草树木的形态、轮廓、色彩的美，使工厂环境形成特有的、更丰满的艺术面貌。工厂绿化应根据本厂的规模、所处的环境、庭园使用的对象，表现出新时代的精神风貌。

4. 要与建筑主体相协调，统一规划，合理布局

工矿企业绿地要利用全厂统一安排、统一布局，减少建设中的种种矛盾。绿地规划设计时，要以工业建筑为主体进行环境设计，由于工厂建筑密度较大，应按总平面的构思与布局对各种空间进行绿化布置。在视线集中的主体建筑四周，用绿地重点布置，能起到烘托主体的作用，如适当配以小品，还能形成丰富、完整、舒适的空间。将工厂绿地纳入工厂总平面图布置中，做到全面规划，合理布局，点、线、面相结合，形成系统的绿地空间。点的绿化主要分为两个部分：一是厂前区的绿化；二是游憩性的游园。线是厂内道路、铁路、河流的绿化以及防护林带。面是工厂企业单位中的车间、仓库、堆场等生产性的建筑、场地周围的绿化。工厂企业单位绿化中的点、线、面三者形成系统，成为一个较稳定的绿地景观空间。

（三）工厂绿地系统

工矿企业绿地必须根据工业企业的总平面，包括厂区用地范围内的建筑物、构造物、运输线路、管线等综合条件合理规划配置，创造出符合工厂生产特性的绿化环境。

1. 工厂空间的特点

工厂环境是由建筑物、构筑物、工程技术管线、道路、广场、绿化等组成的。建筑物和构筑物是工厂空间的主体，它是严格按照生产功能要求，结合当地条件，符合城市或地区规划，在一定技术经济条件下，综合解决多种矛盾的有机整体。

道路、广场是工厂空间的纽带，起联系、贯穿的作用；绿地在工厂空间中起缓冲、协调作用，它赋予环境以生机，加强建筑群体空间的艺术效果。

由于生产性质、运输方式、技术经济条件、自然条件、总体布置、建筑设计等的不同，工厂的空间形式千变万化。一般根据其封闭性、性质、形状等分为开敞空间、休息空间、线形空间、独立空间等。厂前区空间一般较为开敞，以组织交通为主要功能；生产区一般为封闭线形的空间，以生产、储运为主要功能；堆放、大块绿地或水面等作为独立空间。

2. 工厂绿地系统布局

工厂绿地布局应结合工厂外部空间的特点和类型，同厂房、堆场、道路等统一考虑，同步建设。点、线、面结合，均匀分布，突出重点。做到因地制宜、扬长避短、形式多样、各具特色。工厂绿地布局的形式主要有：

（1）散点状：对于那些厂房密集、没有大块土地绿化的老厂来说，可以见缝插针的方式，在适当位置布局各种小的块状绿地。使大树小树相结合，花台、花坛、座凳相结合，创造复层绿化，还可沿建筑围墙的周边及道路两侧布置花坛、花台，借以美化环境，扩大工厂的绿地面积。利用已有的墙面和人行道、屋顶，采用垂直绿化的形式，布置花廊、花架，不仅节约土地面积，提高绿化面积，也增加了美化效果。

（2）条块结合：近年来建成的工厂，对环境美提出了更高的要求。常在道路及建筑旁留有较宽的绿带，并在厂前区和生产区适当布置较集中的大块绿地，形成条块结合的布局形式，生态效应显著，环境整体性好，空间形式有变化，又为工人休息、活动创造了条件。

（3）宽带状：随着生产和储运设备的现代化，工业建筑向"联合化""多层化"发展，工厂空间逐步简化，趋向于单体建筑，工厂绿地也趋于集中，围绕建筑呈宽带状。

（四）工矿企业绿地规划设计前的准备

在规划设计前必须进行自然条件的调查，工厂生产性质及规模的调查，工厂总图布置意图及社会调查。

（1）自然条件的调查：对当地自然条件进行充分调查，如土壤类型分布、地下水位、气象气候条件等。初建成的工厂还要调查周围建筑垃圾、土壤成分，以作为适当换土或改良土壤依据。

（2）工厂性质及其规模的调查：各种不同性质的工厂生产内容不同，对周围环境的影响也不一样。就是工厂性质相同，但生产工艺也可能不同，所以还须进行调查，才能弄清生产特点，确定所有的污染源位置和性质，进而明确污染物对植物损伤情况，为绿化设计提供依据。

（3）工厂总图的了解：了解绿化面积情况及相关管线与绿化树木的关系。

（4）社会调查：要做好工厂绿化规划设计，应当深入了解工厂干部职工对环境绿化要求，当地景观部门对工厂绿化的意见，以便更好地规划建设和管理。

（五）工矿企业绿地各分区绿化设计要点

1. 厂前区绿化

厂前区包括主要入口、厂前建筑群和厂前广场。这里是职工居住区与工厂生产区的纽带，对外联系的中心，是厂内外人流最集中的地方。厂前区在一定程度上代表着工厂的形象，体现工厂的面貌，也是工厂文明生产的象征。它常与城市道路相邻，其环境的好坏直接关系到城市的面貌，其主要建筑一般都具有较高的建筑艺术标准。

厂前区在工厂中的位置一般在上风方向，受生产工艺流程的限制较小，离污染源较远，受污染的程度比较小，工程网也比较少，空间集中，绿化条件比较好，同时也对景观绿化布置提出了较高的要求。

厂前区绿地主要由两部分组成。一个是大门、围墙与城市街道等厂外环境组成的门前空间。绿化布置应注意方便交通与厂外街道绿化联成一体，注意景观的引导性和标志性。

门前附近的绿化要与建筑的形体色彩相协调，在远离大门的两侧种高大的树木，大门附近用矮小而观赏价值较高的植物或建筑小品做重点装饰，形成绿树成荫，多彩多姿的景象。厂门到办公综合大楼间道路、广场上，可布置花坛、喷泉，体现本工厂特点的雕塑等。

工厂内沿围墙绿化设计除应充分注意卫生、防火、防风、防污染和减少噪声，以及遮隐建筑不足之外，并与周围景观相调和。绿化树木通常沿墙内外带状布置，应以常绿树为主，以落叶树为辅，可用3~4层树木栽植，靠近路的植物用花灌木布置。

厂前区的另一个空间是大门与厂前建筑群之间的部分，这里是厂前空间的中心，应注意与厂外环境及生产区绿化的衔接过渡。布置形式因功能要求不同而不同：当人流、车流量较大，并有停车要求时，常布置成广场形式，绿化多为大乔木配置在广场四周及中央，以遮阴树为主；当没有上述特殊要求时，常常与小游园布置相结合，以供职工短时间的休息。如上海石油化工总厂的涤纶厂、腈纶厂等厂前区结合小游园布置，栽植观赏花木，铺设草坪，辟水池，设山泉小品，有小径、汀步，还设置灯座、凳椅，形成恬静、清洁、舒适、优美的环境，职工在工余班后，可以在此散步、谈心、娱乐，取得了更好的效果。

2. 生产区绿化

生产区是生产的场所，污染重、管线多、空间小、绿化条件较差。但生产区占地面积大，发展绿地的潜力很大，绿地对保护环境的作用更突出、更具有工厂绿地的特殊性，是工厂绿化的主体。生产区绿化主要以车间周围的带状绿地为主。

从总体来看生产区四周绿化应考虑以下要求：生产车间职工生产劳动的特点；车间出入口作为重点美化地段；考虑车间职工对景观绿化布局形式及观赏植物的喜好；注意树种选择，特别是有污染的车间附近；注意车间对采光、通风的要求；考虑四季景观；满足生产运输、安全、维修等方面的要求；处理好植物与各种管线的关系。

车间周围的绿化比较复杂，可供绿化面积的大小因车间内生产特点不同而异。例如，有些生产车间对周围环境质量要求较高，如要求防水、防爆、防尘、恒温、恒湿、无震动干扰等。因此可将生产车间分为三类：产生生产污染车间、无污染生产车间、对环境质量要求高的生产车间。对这三类不同的生产车间环境进行设计应采用不同的方法。

（1）有环境污染车间的绿化

产生有害气体、粉尘、烟尘、噪声等污染物的车间，对环境影响严重，要求绿化植物能防烟、防尘、防毒。在其生产过程中，一方面，通过改进工艺措施，增加除尘设备，回收有害气体等手段来解决；另一方面，通过绿化减轻危害、美化环境，两者同等重要。

在有严重污染的车间周围进行绿化，首先要了解污染物的成分和污染程度。在化工生产中，同一产品由于原料和生产方式的不同，对空气的污染也不同，例如，生产尿素与液氨的氮肥厂主要污染物是 CO、CO_2、NH_3 等，而生产硫酸氨的工厂除了上述污染物外，还必须考虑到 SO_2 的污染。因此要使植物能够在不同的污染环境中发挥作用（主要是卫生防护功能），关键是有针对性地选择树种。但要达到预期的防护效果，还有赖于合理的绿化布置，在产生污染的车间附近，特别是污染较重的盛行风向下侧，不宜密植林木，可设开阔的草坪、地被、疏林等，以利于通风，稀释有害气体，与其他车间之间可与道路相结合设置绿化带。

在有严重污染的车间周围，不宜设置成休息绿地。植物必须选择抗性强树种，配置中掌握"近疏远密"原则，与主导风向平行的方向要留有通风道，以保证有害气体的扩散。在产生强烈噪声的车间周围，如锻压、铆接、锤钉、鼓风等车间应该选择枝叶茂密、树冠矮、分枝点低的乔灌木，多层密植形成隔音带，减轻噪声对周围环境的影响。

在多粉尘的车间周围，应该密植滞尘、抗尘能力强、叶面粗糙、有黏液分泌的树种。在高温生产车间，工人长时间处于高温中，容易疲劳，应在车间周围设置有良好绿化环境的休息场所，改善劳动条件是必要的。休息场地要有良好的遮阴和通风，色彩以清爽淡雅为宜，可设置水池、座椅等小品供职工休息、调节精神、消除疲劳。

在产生严重污染的车间周围绿化，树种选择是否合理是成败的关键，不同树种对环境条件的适应能力和要求不同，如烟尘污染对植物生长影响较大，在这样的生长环境中臭椿生长最为健壮，榆树次之，柳树则生长较差。树木抗污染能力除树种因素外还同污染的种类、密度、树木生长的环境等有关，也和林相组成有关，复层混交林的栽植形式抗污染能力强，单层稀疏的栽植抗污染能力弱。

（2）无污染车间周围的绿化

无污染车间指本身对环境不产生有害污染物质，在卫生防护方面对周围环境也无特殊要求的车间。车间周围的绿化较为自由，除注意不要妨碍上下管道外，限制性不大。在厂区绿化统一规划下，各车间应体现各自不同的特点，考虑职工工余休息的需要，在用地条件允许的情况下，可设计成游园的形式，布置座椅、花坛、水池、花架等景观小品，形成良好的休息环境。在车间的出入口可进行重点的装饰性布置，特别是宣传廊前可布置一些花坛、花台，种植花色艳丽、姿态优美的花木。在露天车间，如水泥预制品车间、木材、煤、矿石等堆料场的周围可布置数行常绿灌乔木混交林带，起防护隔离、防止人流横穿及防火遮盖等作用，主道旁还可遮阴休息。植物的选择考虑本车间的生产特点，做出与工作环境不同的绿化设计方案，调节人的视觉环境。

一般性生产车间还要考虑通风、采光、防风（北方地区）、隔热（南方地区）、防尘、防噪等一般性要求。如在生产车间的南向应种植落叶大乔木，以利炎夏遮阳，冬季又有温暖的阳光；东西向应种植冠大荫浓的落叶乔木，以防止夏季东西日晒，北向宜种植常绿、落叶乔木和灌木混交林，遮挡冬季的寒风和尘土，尤其是北方地区应更注意。在车间周围的空地上，应以草坪覆盖，使环境清新明快，便于衬托建筑和花卉、灌乔木，提高视觉的艺术效果，减少风沙。在不影响生产的情况下，可用盆景陈设，立体绿化的形式，将车间内外绿化联成一个整体，创造一个生动的自然环境。

此外，高压线下和电线附近不要种植高大乔木，以免导电失火或摩擦电线。植物配置应考虑美观的要求，并注意层次和四季景观。

（3）有特殊要求的车间周围绿化

要求洁净程度较高的车间，如食品、精密仪器、光学仪器、工艺品等车间，这些车间周围空气质量直接影响产品质量和设备的寿命，其环境设计要求清洁、防尘、降温、美观，有良好的通风和采光。因此植物应选择无飞絮、无花粉、无飞毛、不易生病虫害、不落叶（常绿阔叶树或针叶树）或落叶整齐、枝叶茂盛、生长健壮、吸附空气中粉尘的能力强的树种。同时注意低矮的地被和草坪的应用，固土并减少扬尘。在有污染物排出的车间或建筑物朝盛行风向一侧或主要交通路线旁边，应设密植的防护绿地进行隔离，以减少有害气体、噪声、尘土等的侵袭。在车间周围设置密闭的防护林或在周围种植低矮乔木和灌木，以较大距离种植高大常绿乔木，辅以花草，并在墙面采用垂直绿化以满足防晒降温、恢复职工疲劳的要求。在生产工艺品车间周围（如刺绣、地毯等）应该有优美的环境，使职工精神愉快，并使设计人员思想活跃、构思丰富。常设计出精良优美的图案。

对防火、防爆要求的车间及仓库周围绿化应以防火隔离为主，选择植物枝叶水分含量大、不易燃烧或遇火燃烧不出火焰的少油脂树种，如珊瑚树、银杏、冬青、泡桐、柳树等进行绿化，不得栽种针叶树等油脂较多的松、柏类植物。种植时要注意留出消防车活动的余地，在其车间外围可以适当设置休息小庭院，以供工人休息。

某些深井、储水池、冷却塔、冷却池、污水处理厂等处的绿化，最外层可种植一些无飞毛、花粉和带翅果的落叶阔叶林，种植常绿树种要远离设施 2m 以外，以减少落叶落入水中，2m 以内可种植耐阴湿的草坪及花卉等以利剪修。在冷却池和塔的东西两侧应种大乔木，北向种常绿乔木，南向疏植大乔木，注意开敞，以利通风降温、减少辐射热和夏季气流通畅。在鼓风式冷却塔外围还应设置防噪声常绿阔叶林，在树种的选择上要注意选用耐阴、耐湿树种。车间的类型很多，其生产特点各不相同，对环境的要求也有所差异。因此，实地考察工厂的生产特点、工艺流程、对环境的要求和影响、绿化现状、地下地上管线等对于做好绿化设计十分重要。

3. 仓库、堆场区绿地规划设计

仓库周围的绿化，应注意以下几个方面：

（1）要考虑到交通运输条件和所储藏的物品，满足使用上的要求，务使装卸运输方便。

（2）要选择病虫害少，树干通直的树种，分枝点要高。

（3）要注意防火要求，不宜种植针叶树和含油脂较多的树种，仓库的绿化以稀疏栽植乔木为主，树的间距要大些，以 7～10m 为宜，绿化布置宜简洁。在仓库建筑周围必须留出 5～7m 宽的空地，以保证消防通道的宽度和净空高度，不妨碍消防车的作业。

地下仓库上面，根据覆土厚度的情况，种植草皮、藤本植物和乔灌木，可起到装饰、隐蔽、降低地表温度和防止尘土飞扬的作用。

装有易燃物的储罐周围，应以草坪为主，而防护堤内不种植物。

露天堆物进行绿化时，首先不能影响堆场的操作。在堆场周围栽植生长强健、防火隔尘效果好的落叶阔叶树，与其周围很好地加以隔离。如常州混凝土构件厂，在成品堆放场沿围墙种植泡桐，在中间一排电杆的分隔带上，种广玉兰、罗汉松、美人蕉、麦冬，形成优美的带状绿地，工人们在树荫下休息，花草树木也给枯燥的堆物带来了生机。

4. 工厂小游园设计

工厂企业根据厂区内的立地条件、厂区规划要求设置集中绿地，因地制宜地开辟小游园，满足职工业余休息、放松、消除疲劳、锻炼、聊天、观赏的需要，对提高劳动生产率，保证生产安全，开展职工业余文化娱乐活动有重要意义，对美化厂容、厂貌有着重要的作用。

集中绿地、小游园多选择在职工休息易于到达的场地，如有自然地形可以利用则更好，以便于创造优美自然的景观艺术空间，通过对各种观赏植物、景观建筑及小品、道路铺装、水池、座椅等的合理安排，形成优美自然的景观环境。厂区小游园一般面积都不大，布局形式可采用规则式、自由式、混合式。根据休息性绿地的用地条件（地形地貌）、平面性状、使用性质、职工人流来向、周围建筑布局等灵活采用。园路及建筑小品的设计应从环境条件及实际使用的情况出发，满足使用及造景需要，出入口的设置避免生产性交通的穿越。小游园的四周宜用大树围合，遮挡有碍观瞻的建筑群，形成幽静的独立空间。

小游园的布置有以下几种：

（1）结合厂前区布置

厂前区是职工上下班集散的场所，是外来宾客首到之处，同时临城市街道，小游园结合厂前区布置，既方便职工休憩，也丰富美化了厂前区，节约用地和投资。

以植物造景为手段，以清新、高雅、优美为目的，强调俯视与平视两方面的效果，不仅有美丽的图案，而且有一定的文化内涵。如汉川电厂，选用桂花、雪松、紫叶李、樱花、大叶黄杨、海桐球、锦熟黄杨、紫薇、丛竹、紫藤、丰花月季、法国冬青、马褂木、女贞、黄素馨等主要苗木，用植物组成了两个大型的模纹绿地。一个是以桂花为主景，草坪和地被植物为配景，用大叶黄杨组成图案，用球形的金丝桃和锦熟黄杨等植物点缀，成片布置丰花月季，并用雀舌黄杨和白矾石组成醒目的厂标，形成厂前区环境的构图中心和视线焦点；另一个模纹绿地，则以大叶黄杨海桐球、丰花月季、雀舌黄杨、红叶小檗、美女樱等组成火与电的图案。一圈圈的雀舌黄杨象征磁力线，大叶黄杨组成两个扭动的轴，象征着电业带来工业的发展。整个图案别致新颖，既注重了从生产办公楼俯视效果，又注重从环路中平视效果，充分体现了汉川电厂绿化的韵律美和节奏感。

（2）结合厂内自然地形布置

厂内如有自然地形或在河边、湖边、海边、山边等，则有利于因地制宜地开辟小游园，以便职工开展做操、散步、坐歇、谈话、听音乐等各项活动或向附近居民开放。可用花墙、绿篱、绿廊分隔园中空间，并因地势高低布置园路，点缀水池、喷泉、山石、花廊、座凳等丰富园景。有条件的工厂可将小游园的水景与储水池、冷却池等结合起来，水边可种植水生花草，如鸢尾、睡莲、荷花等。如北京首钢，利用厂内冷却水池修建了游船码头，增加了厂内活动内容，美化了环境。南京江南光学仪器厂将一个近乎是垃圾场的小水塘疏浚治理，设喷泉、搭花架、做假山、修园路、铺草坪、种花草树木进行美化，使之成为广大职工喜爱的小游园。

（3）结合公共福利设施、人防工程布置

小游园绿化也可和本厂的工会俱乐部、电影院、阅览室、体育活动场等相结合统一布置，扩大绿化面积，实现工厂花园化，以及把小游园与人防设施结合起来，其内设台球室、游艺室等。地下人防多功能，上下结合，趣味横生，多余的土方可因地制宜地堆叠假山、种植乔灌木。在地上通气口可以建立亭、廊、凳等建筑小品。但要注意在人防工程上土层深度为 2.5m 时可种大乔木，土层深度为 1.5~2m 时，可种小乔木及灌木，0.3~0.5m 时，只可种草、地被植物、竹子等植物。在人防设施的出入口附近不得种植多刺或蔓生伏地植物。

（4）在车间附近布置

在车间附近布置小游园可使职工休息时便捷地到达，而且可以根据本车间工人的喜好布置成各具特色的小游园，并可结合厂区道路展现优美的景观景物，使职工在花园式的工厂中工作和生活。

5. 工厂道路的绿化

（1）厂内道路的绿化

厂内道路是工厂生产组、工艺流程、原材料和成品运输、企业管理、生活服务的重要交通枢纽，是厂区的动脉。满足工厂生产要求、保证厂内交通运输的畅通和安全是厂区道路规划的第一要求，也是厂内道路绿化的基本要求。

厂区道路是交通空间，道路一般较窄，空间较狭长而封闭，绿化布置应注意空间的连续性和流畅性，同时，要避免过于单调。可以在车间门口附近、路端、路口、转弯外侧处做重点处理，植物配置注意打破高炉、氧气罐、冷却塔、烟囱的单调。

绿化前必须充分了解路旁的建筑设施，电杆、电缆、电线、地下给排水管、路面结构，道路的人流量、通车率、车速，以及有害气体、液体的排放情况和当地自然条件，等等。然后选择生长健壮、适应能力强、分枝点高、树冠整齐、耐修剪、遮阴好、无污染、抗性强的落叶乔木为行道树。如国槐、柳树、毛白杨、栾树、椿树、樟树、广玉兰、女贞、喜树、水杉等。

道路绿化应注意处理好与交通的关系，路边与转弯口的栽植必须遵守有关规定避免植物枝叶阻挡视线或与来往车辆碰擦。注意处理好绿化与上下管线的关系，避免植物枝叶或根系对管线使用与检修的干扰。在埋设较浅，须经常检修的地下管道上方不宜栽树，可用草本植物覆盖；高架线下可植耐阴灌木，低架管线与地面管线旁可用灌木掩蔽。

主干大道上宜选用冠大荫浓、生长快、耐修剪的乔木做遮阴树，或植以树姿雄伟的常绿乔木，再配置修剪整齐的常绿灌木，以及色彩鲜艳的花灌木、宿根花卉，给人以整齐美观、明快开朗的印象。如进入南京无线电厂厂门，雄伟的雪松衬托着喷水池明净的水流，给人以一种开朗、宁静、明快的感受，留给人清洁工厂、文明生产的良好印象。

道路绿化应满足庇荫、防尘、降低噪声、交通运输安全及美观等要求，结合道路的等级、横断面形式以及路边建筑的形体、色彩等进行布置。

有的规模比较大的工厂，主干道较宽，其中间也可设立分车绿带，以保证行车安全。在人流集中、车流频繁的主道两边，可设置 1~2m 宽的绿带，把慢车道与人行道分开，以利安全和防尘。

路面较窄的可在一旁栽植行道树，东西向的道路可在南侧种植落叶乔木，以利夏季遮阴，南北道路可栽在西侧。主要道路两旁的乔木株距因树种不同而不同，通常为 6~10m。棉纺厂、烟厂、冷藏库的主道旁，由于车辆承载的货位较高，行道树定干高度应比较高，第一个分枝不得低于 4m，否则会影响安全运输。

厂内次干道、人行小道的两旁，宜种植四季有花，叶色富于变化的花灌木。道路与建筑之间的绿地要有利于室内采光和防止噪声及灰尘的污染等。利用道路与建筑物之间的空地布置小游园，应充分发挥植物的形体色彩美，有层次地布置好乔木、花灌木、绿篱、宿根花卉，形成壮观又美丽的绿色长廊，创造出景观良好的休息绿地。

在生产有特殊要求的工厂，还应满足生产对树种的特殊要求，如精密仪器类工厂，不要用飘毛、飘絮的树种；防火要求高的工厂，不要用油脂性高的树种等。对空气污染严重的企业，道路绿化不宜种植成片过高的林带，避免高密林带造成通气不畅而对污浊气流起滞留作用，不易扩散，种植方式应以疏地草林为好。有的工厂，如石化厂等地上管道较多的工厂，厂内道路与管道相交或平行，道路的绿化要与管道位置及形式结合起来考虑，因地制宜地采用乔木、灌木、绿篱、攀缘植物的巧妙布置，可以收到良好的绿化效果。

（2）厂内铁路的绿化

大型厂矿企业如大型钢铁、石油、化工、重型机械厂等。工厂内除一般道路外，还有铁路运输，除了标准轨外，还有轻便的窄轨道。铁路绿化要有利于消减噪声、防止水土冲刷、稳固路基，还可以防止行人乱穿铁路而发生事故。

（六）工厂企业的卫生防护林带

工业企业的防护林带主要作用是滞滤粉尘、净化空气、吸收有毒气体、减轻污染，以及有利于工业企业周围的农业生产。因此作为防护林的树种应结合不同企业的特点，选择生长健壮、病虫灾害少、抗污染性强、吸收有害气体能力强、树体高大、枝叶茂密、根系发达的乡土树种。此外要注意常绿树与落叶树相结合，乔木与灌木相结合，阳性树与耐阴树相结合，速生树与慢长树相结合，净化与美化相结合，以合理的结构形式布置防护林带，有效地发挥其作用。

第五节　学校绿地设计

一、校园绿化的作用与特点

校园绿化与学校的规模、类型、地理位置、经济条件、自然条件等密切相关。由于各方面条件的不同，其绿化设计内容也各不相同。

（一）校园绿化的作用

1. 为师生创造一个防暑、防寒、防风、防噪、安静的学习和工作环境。

2. 通过绿化、美化，陶冶学生情操，激发学习热情。利用绿地开辟英语角、读书廊等活动场所，丰富学生的生活，也提高了学生的学习兴趣。

3. 通过美丽的花坛、花架、花池、草坪、乔灌木等复层绿化，为广大师生提供休息、文化娱乐和体育活动的场所。

4. 通过校园内大量的植物材料，可以丰富学生的科学知识，提高学生认识自然的能力。尤其大中专院校，这种作用更加明显。丰富的树种种群，通过挂牌标明树种，使整个校园成为生物学知识的学习园地。

5. 对学生进行思想教育。通过在校园内建造有纪念意义的雕塑、小品，种植纪念树，可对学生进行爱国、爱校教育。

（二）校园绿化的特点

校园建设具有学校性质多样化、校舍建筑多样化、师生员工集散性强及其所处地理位置、自然条件和历史条件各不相同等特点。学校景观绿化要根据学校自身的特点，因地制宜地进行规划设计、精心施工，才能显出各特色并取得优化效果。

1. 与学校性质和特点相适应

我国遍布各级、各类学校，其绿化除遵循一般的景观绿化原则之外，还要与学校性质、级别、类型相结合，即与该校教学、学生年龄、科研及试验生产相结合。如大专院校，工科要与工厂相结合，理科要与实验中心相结合，文科要与文化设施相结合，林业院校要与林场相结合，农业院校要与农场相结合，医科要与医药、治疗相结合，体育、文艺院校要与活动场地相结合，等等。中小学校园的绿化则要丰富，形式要灵活，以体现学生活泼向上的特点。

2. 校舍建筑功能多样

校园内的建筑环境多种多样，不同性质、不同级别的学校其规模大小、环境状况、建筑风格各不相同，有以教学楼为主的，有以实验楼为主的，有以办公楼为主的，有以体育场为主的，也有集教学楼、实验楼和办公楼为一体的。一些新建学校，规划比较整齐，建筑也比较一致，但往往用地面积较小，而一些老学校，面积一般较大，但规划不合理，建筑形式千差万别，校园环境较差，尤其一些高等院校中还有现代建筑环境与传统建筑环境并存的情况。学校景观绿化要能创造出符合各种建筑功能的绿化、美化的环境，使多种多样、风格不同的建筑形体统一在绿化的整体之中，并使人工建筑景观与绿色的自然景观协调统一，达到艺术性、功能性与科学性相协调一致。各种环境绿化相互渗透、相互结合，使整个校园不仅环境质量良好，而且有整体美的风貌。

3. 师生员工集散性强

在校学生上课、训练、集会等活动频繁集中，需要有适合较大量的人流聚集或分散的场地。校园绿地要适应这些特点，有一定的集散活动空间，否则即使是优美完好的景观绿化环境，也会因为不适应学生活动需要而遭到破坏。

另外，由于师生员工聚集机会多，师生员工的身体健康就显得越发重要。其景观绿化建设要以绿化植物造景为主，树种选择无毒无刺、无污染或无刺激性异味，以人体健康无损害的树木花草为宜，力求实现彩化、香化、富有季相变化的自然景观，以达到陶冶情操、促进身心健康的目标。

4. 学校所处地理位置、自然条件、历史条件各不相同

我国地域辽阔，学校众多，分布广泛，各地学校所处地理位置、土壤性质、气候条件各不相同，学校历史年代也各有差异。学校景观绿地也应根据这些特点，因地制宜地进行规划、设计和植物种类的选择。例如位于南方的学校，可以选用亚热带喜温植物；北方学校则应选择适合于温带生长环境的植物；在旱、燥气候条件下应选择抗旱、耐旱的树种；在低洼的地区则要选择耐湿或抗涝的植物；积水之处应就地挖池，种植水生植物。具有纪念性、历史性的环境，应设立纪念性景观，或设雕塑，或种植纪念树，或维持原貌，使其成为一块教育园地。

5. 绿地指标要求高

一般高等院校内，包括教学区、行政管理区、学生生活区、教职工生活区、体育活动区以及幼儿教育和卫生保健等功能分区，这些都应根据国家要求，进行合理分配绿化用地指标，统一规划，认真建设。对新建院校来说，其景观绿化规划应与全校各功能分区规划和建筑规划同步进行，并且可把扩建预留地临时用来绿化；对扩建或改建的院校来说，也应保证绿化指标，创建优良的校园环境。

二、校园绿地规划设计

（一）规划

学校的绿化与其用地规划及学校特点是密切相关的，应统一规划、全面设计。一般校园绿化面积应占全校总用地面积的 50%~70%，才能真正发挥绿化效益。根据学校各部分建筑功能的不同，在布局上，既要做好区域分割，避免相互干扰，又相互联系，形成统一的整体。在树种选择上，要注意选择那些适于本地气候和本校土壤环境的高大挺拔、生长健壮、树龄长、观赏价值较高、病虫害少、易管理的乔灌木。常绿树与落叶树的比例比 1：1 为宜。不宜种植有刺激性气味、分泌毒液和带刺的植物。

学校绿化规划要因地而宜。某些大专学校因占地面积较大，地形高低起伏富于变化，可采用自然式布置。而地势较平坦的中、小学则多用规则式进行布置。

（二）绿化设计

1. 前庭

即大门至学校主楼（教学楼、办公楼）之间的广阔空间，是学校的门户和标志。学校大门的绿化要与大门的建筑形式相协调。要多使用常绿花灌木，形成开朗而活泼的门景。大门两侧如有花墙，可用不带刺的藤本花木进行配置。以快长树、长绿树为主，形成绿色的带状围墙，减少风沙对学校的袭击和外围噪声的干扰。大门外面的绿化应与街景一致，但又要有学校的特色。在门及门内的绿化，要以装饰性绿化为主，突出校园安静、美丽、庄重、大方的气氛。主楼前的绿地设计要服从主体建筑，只起陪衬作用。大门内可设置小广场、草坪、花灌木、常绿小乔木、绿篱、花坛、水池、喷泉和能代表学校特征的雕塑或雕塑群。树木的种植不仅不能遮挡主楼，还要有助于衬托主楼的美，与主楼共同组成优美的画面。主楼两侧的绿地可以作为休息绿地。

大专院校一般占地面积较大，入口处绿化面积相应较大。平面布局往往是大门内外和主楼前后设有广场或停车场。广场布置大型花坛（草坪）或由数个花坛组成的花坛群，其中心种植树形优美的常绿树或设置喷水池、雕塑加以点缀；停车场边缘或场内应尽可能地种植几株速生、树冠大、有遮阴效果的大、中型观赏树作为行道树，如银杏、国槐、泡桐、毛白杨和栾树等。路外侧如有绿地，边缘种植绿篱、花篱或围以栏杆。绿地内可按小花园封闭式、装饰性绿地进行布置。不论哪种类型的绿地都应在考虑绿地功能的前提下，注重植物材料的观赏效果。

2. 中庭

中庭包括教学楼与教学楼之间、实验室与图书馆、报告厅之间的空间场地等。这一区域是以教学为中心的，在绿化布置时，首先要保证教学环境的安静，在不妨碍楼内采光和通风的情况下，主要以对称布局种植高大乔木或常绿花灌木。教学楼大门前可以对称布置常绿树或花灌木。中庭绿化要保持教室内的采光，还要隔离教室之间的互相干扰，创造幽静的学习环境。在教室、实验室外围可设立适当铺装游戏活动场地和设施，供学生课间休息活动。植物配置要与建筑协调一致。靠近墙基可种些不高的花灌木，高度不应超过窗口，常绿乔木可以布置在两个窗户之间的墙前，但要远离建筑 5m 以上，在教室东西两侧可以种植大乔木，以防东西日晒，教室北面要注意选择耐阴花木进行布置。

3. 后院

学校后院一般面积较大，体育活动场馆、园艺场、科学实验园地、大会议厅、食堂、宿舍、实验实习场（厂）等多布置在这里。特别是运动场四周的绿化，要根据地形情况种植数行常绿和落叶乔灌木混交林带，运动场与教室、宿舍之间应有宽 15m 以上的绿色林带。大专院校运动场，离教室、图书馆应有 50m 以上的绿色林带，以防来自运动场上的噪声，并隔离视线，不影响教室内的教学和宿舍同学的休息。在绿色林带中可以适当设置单双杠等体操活动器具，为了运动员夏季遮阴需要，可在运动场四周局部栽种落叶大乔木，适当配植一些观叶树，在绿化的同时注意景观效果；在西北面可设置常绿树墙，以阻挡冬季寒风袭击。运动场可选用耐践踏、耐低剪的草种，北方可选用结缕草，南方选用天堂草，并可在秋季补播黑麦草，以增加冬天的绿色。

学生宿舍楼周围的绿化应以校园的统一美观为前提，宿舍前后的绿地设计成装饰性绿地，用绿篱或栏杆围起，不准进入。绿地内配以乔木或灌木花卉，沿人行道种植大乔木。这种绿化形式对绿化面貌的形式和保护有明显作用，但是学生不能到绿地内休息和学习。另一种绿化方式，是把宿舍楼前的绿地布置成庭院形式铺装的院子，使树池、花坛、草坪以及棚架等巧妙地组合在一起。这种绿化方式的优点是为学生提供了良好的学习和休息场地，但绿化面积有所减少。

自然科学园地如花圃、苗圃、气象观测站、实习场（厂）等的绿化，要根据教学活动的需要进行配置，在近处要有适当的水源和排灌设施，如池塘、小河等，便于浇灌和排水，并自然布置花灌木，周围也可使用矮小的花栅栏或小灌木绿篱。特别是农林、生物等大专院校，还可以结合专业建立植物园、果园、动物园，以景观形式布置，既有利于专业教学、科研，又为师生们课余时间提供休息、散步、浏览的场所。为了满足学生们课外复习，后院或教室外围空气较好的某些局部设置室外读书小空间，根据地形变化因地制宜地布置，三面可用常绿灌木相围，以落叶大乔木遮阴，以免相互干扰。其他面应以草坪铺装，其中设置桌、椅、凳。有条件的大专院校，可以在中庭和后院多设几个小游园，设置一些亭、台、阁以供学生们室外阅读外语和复习功课。

4. 校区道路

道路是连接校内各区域的纽带，其绿化布置是学校绿化的重要组成部分。道路有笔直的主体干道，有区域之间的环道，有区域内部的甬道。主体干道较宽（可达 12~15m）。两侧种植高大乔木形成庇荫树。在树下可以铺设草坪或方砖，在高大乔木之间适当种植绿篱、花灌木，也可以搭配一些草本花卉。在道路中间也可以设置 1~2m 宽的绿化带，可以用矮绿篱或装饰性围栏圈边，中间铺设草坪，适当点缀整形树和草本花卉。区域之间环道较主体干道要窄一些，一般为 5~6m，在道路两侧栽植整形树和庭荫树，在庇荫树之间可以点缀一些花灌木和草本花卉，适当设置一些休息凳，树下铺设草坪或方砖，以提高其观赏效果和便于行人休息。区域内部的甬道一般为 1~2m 宽，路面为方砖铺设，路边有路牙石或装饰性矮围栏、矮绿篱，与本区的其他绿化构成协调统一的整体美。

一些城内用地紧凑的中、小学要用见缝插绿的办法搞绿化，特别要充分利用攀缘植物进行垂直绿化，能达到事半功倍的绿化效果。学校用地周围应种植绿篱及高大树木，以减少场地尘土飞扬、噪声对附近住宅的影响。

（三）学校小游园设计

小游园是学校景观绿化的重要组成部分，是美化校园的精华的集中表现。小游园的设置要根据不同学校特点，充分利用自然山丘、水塘、河流、林地等自然条件，合理布局，创造特色，并力求经济、美观。小游园也可和学校的电影院、俱乐部、图书馆、人防设施等总体规划相结合，统一规划设计。小游园一般选在教学区或行政管理区与生活区之间，作为各分区的过渡。其内部结构布局紧凑灵活，空间处理虚实并举，植物配置需有景可观，全园应富有诗情画意。游园形式要与周围的环境相协调一致。如果靠近大型建筑物而面积小、地形变化不大，可规划为规则式；如果面积较大，地形起伏多变，而且有自然树林、水塘或临近河、湖水边，可规划为自然式。在其内部空间处理上要尽量增加层次，有隐有显，曲直幽深，富于变化；充分利用树丛、道路、景观小品或地形，将空间巧妙地加以分隔，形成有虚有实、有明有暗、高低起伏、四季多变的美妙境界。不同类型的小游园，要选择一些造型与之相适应的植物，使环境更加协调、优美，具有审美价值、生态效益乃至教育功能。

规则式小游园可以全面铺设草坪，栽植色彩鲜艳、生长健壮的花灌木或孤植树，适当设置座椅、花棚架，还可以设置水池、喷泉、花坛、花台。花台可以和花架、座椅相结合，花坛可以与草坪相结合，或在草坪边缘，或在草坪中央而形成主景。草坪和花坛的轮廓形态要有统一性，而且符合规则式布局要求。单株种植的树木可以进行规则式造型，修剪成各种几何形态，如黄杨球、女贞球、菱形或半圆球形黄杨篱；也可进行空悬式造型，如松树、黄杨、柏树。园内小品多为规则式的造型，园路平直，即使有弯曲，也是左右对称的；如有地势落差，则设置台阶踏步。

自然式的小游园，常以乔灌木相结合，用乔灌木丛进行空间分隔组合，并适当配置草坪，多为疏林草地或林边草坪等。可利用自然地形挖池堆山创造涌泉、瀑布，既创造了水面动景，又产生了山林景观。有自然河流、湖海等水面的则可加以艺术改造，创造自然山水特色的园景。园中也可设置各种花架、花境、石椅、石凳、花台、花坛、小水池、假山，但其形态特征必须与自然式的环境相协调。如果用建筑材料设置时，出入口两侧的建筑小品，应用对称均衡形式，但其体量、形态、姿态应有所变化。例如，用钢筋或竹竿做成框架，用攀缘植物绿化，形成绿色门洞，既美丽又自然。

小游园的外围，可以用绿墙布置，在绿墙上修剪出景窗，使园内景物若隐若现，别有情趣。中、小学的小游园还可设计成为生物学教学实习园地。

第六节　医疗机构绿地规划设计

医院绿化的目的是卫生防护隔离、阻滞烟尘、减弱噪声，创造一个幽雅、安静的绿化环境，以利们防病治病，尽快恢复身体健康。现在的医院设计中，环境作为基本功能已不容忽视，具体地说，是要将建设与绿化有机结合起来，使医院功能在心理及生理意义上得到更好的落实。

一、医疗机构的类型及其组成

（一）类型

1. 综合医院

一般设有内、外各科的门诊部和住院部。

2. 专科医院

是某个专科或几个相关联医科的医院，如妇产医院、儿童医院、口腔医院、结核医院、传染病医院等。传染病医院及需要隔离的医院一般设在郊区。

（二）组成

综合医院是由多个使用要求不同的部分组成的，在进行总体布局时，按各部分功能要求进行。综合医院的平面可分为医务区及总务区两大部分，医务区又分为门诊部、住院部、辅助医疗等几部分。

1. 门诊部

门诊部是接纳各种病人、对病情进行诊断、确定门诊治疗或住院治疗的地方，同时也是进行防治保健工作的地方。门诊部的位置选择，一方面，便于患者就诊，如靠近街道设置；另一方面，又要满足治疗需要的卫生和安静条件。

2. 住院部

住院部是医院的主要组成部分，并有单独的出入口，其位置安排在总平面中安静、卫生条件好的地方。住院部以保证患者能安静休息为基础，尽可能避免一切外来干扰或刺激（如在视觉、嗅觉、听觉等方面产生的不良因素），以创造安静、卫生和适用的治疗和疗养环境。

3. 辅助医疗部分

门诊部和病房的辅助医疗部分的用房，主要由手术部、中心供应部、药房、X光室、理疗室和化验室等部分组成。大型医院中可按门诊部和住院部各设一套辅助医疗用房，中小型医院则合用。

4. 行政管理部门

主要是对全院的业务、行政和总务进行管理。有时单独设立在一幢楼内，有时也设在门诊部门。

5. 总务部门

属于供应和服务性质，一般都设在较偏僻的地方，与医务部分有联系又有隔离。这部分用房包括厨房、锅炉房、洗衣房、事务及杂用房、制药间、车库及修理库等。

其他还有太平间及病理解剖室，一般常设置在单独区域内，与其他部分保持较大的距离，并与街道及相邻地段有所隔离。

现代医疗结构的布局是一个复杂的整体，要合理地组织医疗程序，更好地创造卫生条件，这是规划首要的任务。既要保证病人、医务人员和工作人员的方便、休息，医疗业务和工作中的安静，又要有必要的卫生隔离。

二、医疗机构绿地的作用

医院中的景观绿地一方面可以创造安静的休养和治疗环境；另一方面也是卫生防护隔离地带，对改善医院周围的小气候有着良好的作用，如降低气温、调节湿度、降低风速、遮挡烟尘、减弱噪声、杀灭细菌等。既美化医院的环境，改善卫生条件，又有利于促进病人的身心健康，使病人除药物治疗外，还可在精神上受到优美的绿化环境的良好影响，对于病人早日康复有良好的作用。

三、医疗机构绿地规划设计的内容

医院绿地应与医院的建筑布局相协调，除建筑之间的绿地空间外，还应该在住院部留出较大的绿地空间，建筑前后绿地不宜过于闭塞，病房、诊室都要便于识别。

根据医院性质的不同，所要求的绿地面积也有所不同。在疗养性质的医院，如疗养院、结核病院、精神病院等绿地面积可更大些。建筑前后绿地不要影响室内采光、日照和通风。植物选择以常绿树为主，选择无飞絮、飘毛、浆果的植物，也可选用一些具有杀菌及药用的、少病虫灾的乔木或花灌木和草本植物，并考虑夏季防日晒和冬季防寒风。植物配置要考虑四季景观，特别是大门入口处和住院部（区）。

医院的绿地布局根据医院各组成部分功能要求的不同，其绿地布置亦有不同的形式。现分述各部分规划要求。

（一）门诊区

门诊区靠近医院的入口，入口绿地应该与街景调和，也要防止来自街道和周围的烟尘和噪声污染。所以在医院外围应密植 10~15m 宽的乔灌木防护林带。

门诊部是病人候诊的场所，其周围人流较多，是城市街道和医院的接合部，需要有较大面积的缓冲场地。场地及周边应做适当的绿地布置，以美化装饰为主，可布置花坛、花台，有条件的还可设喷泉和主题性雕塑，形成开朗、明快的格调。在喷泉水流的冲击下，促进空气中阴离子的形成，增加疗养功能。沿场地周边可以设置整形绿篱，开阔的草坪、花开四季的花灌木，用来点缀花坛、花台等建筑小品，组成一个清洁整齐的绿地区，但是花木的色彩对比不宜强烈，应以常绿素雅为宜。场地内疏植一些落叶大乔木。其下设置座凳以便病人休坐和夏季遮阴，大树应选离门诊室 8m 外种植，以免影响室内日照和采光。在门诊楼与总务性建筑之间应保持 20m 的卫生防护距离，并以乔灌木隔离。医院临街的围墙以通透式的为好，使医院庭园内草坪与街道上绿荫如盖的树木交相辉映。

（二）住院区

住院区常位于医院比较安静的地段，位置选在地势较高、视野开阔、四周有景可观、环境优美的地方。可在建筑物的南向布置小游园，供病人室外活动，花园中的道路起伏不宜太大，宜平缓一些，方便病人使用，不宜设置台阶踏步。中心部位可以设置小型装饰广场，以点缀水池、喷泉、雕像等景观小品，周围设立座椅、花棚架，以供休坐、赏景兼做日光浴场，亦是亲属探望病人的室外接待处。面积较大时可以利用原地形挖池叠山，配置花草、树木，并建造少量景观建筑、装饰性小品、水池、岗阜等，形成优美的自然式庭园。

植物布置要有明显的季节性，使长期住院的病人能感受到自然界的变化，季节变换的节奏感宜强烈些，使之在精神、情绪上比较兴奋，从而提高药物疗效。常绿树与开花灌木应保持一定的比例，一般为 1：3 左右，使植物景观丰富多彩。植物配置要考虑病人在室外活动时对夏季遮阴、冬季阳光的需要。还可以多栽些药用植物，使植物布置与药物治疗联系起来，增加药用植物知识，减弱病人对疾病的精神负担，有利于病员的心理辅疗。医疗机构绿化宜多选用保健型人工植物群落，利用植物的配置，形成一定的植物生态结构，从而利用植物分泌物质和挥发物质，达到增强人体健康、防病治病的目的。

根据医疗的需要，在绿地中布置室外辅助医疗地段，如日光浴场、空气浴场、体育医疗场等，各以树木做隔离，形成相对独立的空间。在场地上以铺草坪为主，也可以砌块铺装并间以植草（嵌草铺装），以保持空气清洁卫生，还可设棚架供休息交谈之用。

（三）辅助医疗、行政管理、总务及其他区

除总务部门分开以外，辅助医疗与行政管理一般常与住院门诊组成医务区，不另行布置。晒衣场与厨房、锅炉房等杂务院可单独设立，周围有树木做隔离。医院太平间、解剖室应有单独出入口，并在病人视野以外，周围密植常绿乔灌木，形成完美的隔离带。特别是手术室、化验室、放射科，四周的绿化必须注意不准有绒毛和花絮植物，防止东西日

晒，并保证通风和采光。除了庭园绿化布置外，还要有一定面积的苗圃、温室，为病房、诊疗室提供盆花、插花，以改善、美化室内环境。

医疗机构的绿化，除了要考虑其各部分使用要求外，其庭园绿化应起分隔作用，保证各分区不互相干扰。

在植物种类选择上，可多种些有强杀菌能力的树种，如松、柏、樟等。有条件的还可以种些经济树种、果树、药用植物，如核桃、山楂、海棠、柿、梨、杜仲、槐、白芍药、牡丹、杭白菊、垂盆草、麦科、枸杞、丹参、鸡冠花、长春花等，都是既美观又实用的种类，这样使绿化同医疗结合起来，是医疗机构绿化的一个特色。

为了提高医院绿化率和树冠体积系数，地面绿化应实行套种，广铺草坪，并多配置常绿乔木，建筑近处种植稀疏、远处浓密，使建筑掩映在碧树浓荫中。

第七章 现代景观规划设计的发展趋势

第一节 景观规划设计的文化倾向

随着景观规划设计在中国的蓬勃发展，人们对景观的要求越来越多样化，把文化融入景观成为景观规划设计的整体趋势。

一、文化融入居住区景观规划设计

（一）居住区景观规划设计中体现文化与意境的条件

1. 环境条件

环境条件主要包括物质环境条件和精神环境条件两方面。中国地大物博，不同地域的气候特点、土壤特点决定了居住区景观的地形走向、植物选择，甚至空间的营造方法。在居住空间中，精神环境与物质环境有机结合的建筑是建造的艺术，其中，美学与构造不仅彼此认同而且彼此证明。因此，每个地方都有自己的特性和精神，具有自己独特的气氛，即场所精神。居住场所作为人们日常起居的必要场所，居民的归属感和认同感尤为重要。

受场所精神影响，不同地区历史发展的文化脉络、生活条件、生活节奏各异，这也是导致地域内居民具有不同性格特点和喜好的重要因素。例如：东北人大多性格豪爽，是由东北地区的历史沿革特点造成的；四川人喜辣，主要是因为四川空气潮湿，辣椒可以刺激身体排汗。因此，针对不同地域的不同物质环境条件和精神环境条件进行居住区景观规划设计，是改善城市趋同化发展和地域文化缺失的重要途径，也是景观规划设计中表达文化与意境的有力手段。

2. 文化条件

文化条件主要包括传统文化条件和地域文化条件两方面。近年来，基于文化自信的理念，传统文化的传承得到了广泛关注。民族文化的积淀并不是民族历史的流水账，它承载着先人在文明发展中的精神。对于现今的居住区景观规划设计，不能仅仅模仿古人的设计样式，还要领悟其精神，营造其意境。

以传统文化为前提，地域文化是传统文化的多样性表达。地域文化的形成除了历史、地理的自然赋予外，还有赖于生活在一方水土的人们的创造，有赖于文明与文化的积累和留传。不同地区在发展的过程中呈现出不同的特色，其环境和气候特点各有利弊，因此不同地区的居住区景观规划设计在材料应用、设计手法等方面也大相径庭，形成了因地制宜、各有千秋的居住区景观规划设计。

（二）居住区景观规划设计中文化与意境的表达途径

中国对于意境的营造要从古典园林谈起。《园冶》中的"虽由人作，宛自天开""巧于因借，精在体宜"，便诉说着古人的意境营造手法，同时承载着中国悠久的历史文化。虽然古典园林的造园手法对现今的居住区景观中意境的表达具有重要的借鉴意义，但是在应用的过程中，宜"刚柔并济"，结合当代的物质和文化现状进行研究。文化和意境的表达不应仅仅存在于居住区景观规划设计中的一个环节，而是应贯穿其中。首先，要对整体空间的规划以及局部空间的表达有总体规划；其次，要落实到单个三维整体和二维上进行呼应、点缀和点睛，最终达到表达目的。

1. 运用空间表达

空间的建造在居住区景观规划设计中既是文化和意境表达的雏形形成阶段，也是最终呈现的完整景观形式。面对材料和技术的发展，以及地域环境和文化的不同，在这一阶段应当打开思路，孵化出总体的景观蓝图。例如，充分利用地势叠山理水，根据气候和土壤环境，利用可选择的植物构成空间环境。在最终完成阶段，再次从总体角度审视空间环境，做出最后调整，在表达过程中关注整体，最终形成"总—分—总"的结构，实现完整的、符合地域性的、表达文化和意境的居住区景观规划设计。

2. 运用立体表达

居住区景观规划设计中的立体表达通常是指可供独立欣赏的景观或居住区要素，如小区入口、景观小品等。

小区入口是居住区景观的"门面"，可以作为一个三维整体进行设计。其表达的风格特点会引起先入为主的认知，但是这并不意味着必须将小区入口设计得张扬大气，也可以采用欲扬先抑的表现手法，营造曲径通幽、豁然开朗的意境。小区景观小品则是展现居住区活力的有力要素，可以准确地表达营造的意境。

总而言之，立体的表达方式相对独立，可以展现独特魅力，但也须与整体相契合。

3. 运用界面表达

运用界面表达居住区景观规划设计中的文化和意境是精练有力的，因为其给居民带来的视觉感受更为突出，一般包括建筑立面、地面、墙面等。例如，建筑立面的点缀通常并不复杂，但往往是点睛之笔；在并不是开阔视野的小区入口处设置景观墙，收缩人们的视线，也可以展现环境的特点。

运用界面表达居住区景观规划设计的文化和意境一般受环境因素的影响较小，可以运用现代技术、材料和手法更精准地诠释文化和营造意境。从借鉴中国古典园林的造园手法的角度来看，居住区景观既要保留对居住环境诗情画意意境的表达，又要适应现代生活节奏。因此，在居住区景观的规划上，对于风景宜人的区域，不仅要大力把握天然优势，而且要设计捷径供居民穿梭。

总的来说，上述表达途径并不是单独存在的，其综合应用也具有重要的意义。例如，对于门窗的设计表达可应用于各个方面。门窗样式、花纹、尺寸等的单独设计为界面表达，而门窗个体的设计为立体的设计表达，在门窗的使用过程中采用障景、漏景等空间营造属于空间表达。因此，居住区景观规划设计中的文化与意境的表达并不是单一的、部分的，而是彼此纠葛的、互为整体的，最终应以文化为指导，表达出居住区景观富有浓郁地方色彩的意境。

二、文化融入街道景观规划设计

（一）城市街道景观文化的形成

1. 时代精神的演变

每个时代都有自己时代的精神，而街道景观是体现时代精神的重要方式，因此街道景观规划设计不可避免地会受到时代精神的影响。中国古人深受传统文化的影响，在园林设计上强调"壶中天地"，讲求"虽由人作，宛自天开"，街道景观规划设计也是如此。不论是秦汉时期的驰道文化，还是唐代末期的棋盘式街巷格局情趣，体现的都是那个时代人们的一种审美心态。西方古代城市的街道景观也同样与那个时代国家的政治文化息息相关。因此，景观规划设计师须设计出适应时代精神的景观。需要注意的是，时代精神在不断地发生变化，因此现代景观规划设计只有不断地拓展延伸才能适应不断发展的时代精神。

2. 现代技术的促进

可持续性的现代街道景观规划离不开技术的支持。新的技术不仅能更加自如地再现自然美景，还能创造出超出自然的人工景观。它不仅极大地改善了用来造景的方法与素材，而且带来了新的美学观念。

技术对景观的影响远远不止于水景，它还引进了一批崭新的造园因素。例如，现代照明技术的飞速发展创造了一种新型的景观——街道夜景。城市的夜景给人们带来了美的享受，灯光建设也已成为一个城市经济发展的外在表现及其文化底蕴、文明程度的集中体现。

另外，生态技术的应用使一些风景区的街道焕发了新的生机。一系列生态观念，如"海绵城市""生态系统观""生态平衡观"等观念的引入使现代景观规划设计师不再把街道景观规划看成一个单独的过程，而是将之作为整体生态环境的一部分，并考虑到了其对周边生态影响的程度与范围，以及产生何种方式的影响。同时，涉及动物、植物、昆虫、鸟类等生物的生态相关性已日益为景观规划设计师们所重视。

3. 现代艺术思潮的影响

不同的艺术流派联合在一起产生了综合效应，使得景观建筑师们能从这些形式复杂多样的艺术风格中获取创造灵感。在此背景下，虽然 20 世纪末的景观规划设计形式多样，但是也有共同的特征。首先，是空间特性，景观建筑师们从现代派艺术和建筑中汲取灵感去构思三维空间，再将雕刻方法加以具体运用。现代街道景观不再沿袭传统的单轴设计方法，立体派艺术家的多轴、对角线、不对称的空间理念已被景观建筑师们加以利用。其次，抽象派艺术同样对景观规划设计起着重要作用，使曲线和生物形态主义的形式在街道景观规划设计中得以运用。最后，景观建筑师们还通过对比的方法借鉴了国际建筑风格中的几何结构和直线图形，并把它们应用于当代街道景观规划设计。总的来说，多样性是当代街道景观规划设计的显著特点，如哥本哈根著名的艺术街区。

（二）城市街道景观文化的价值

1. 展示街道景观特色，弘扬城市文化

文化是历史的积淀，留存于城市中，融会在人们的生活中，并对市民的观念和行为有着无形的影响。现代城市街道景观因面向大众而具有公共性，不仅须满足人们休闲娱乐的需求，还肩负着弘扬优秀传统文化和展示现代文明风范的重任。城市丰富的文化是城市悠久历史的见证，是城市重要的物质财富和精神财富，具有感召力和凝聚力，对于提高社会各阶层的文化素养和思想品位、陶冶情操，以及增强民族自信心、自尊心和弘扬爱国主义精神等方面有着极其重要的作用。城市街道景观中对历史要素的尊重和积极利用，能促进城市文化的弘扬。在现代城市街道景观中，我们常常可以看到刻在景墙上的脍炙人口的诗词歌赋，以及取材于历史的有教育意义的历史典故等。

2. 满足人们的怀旧情结

工业革命以后，人类社会进入了前所未有的快速发展阶段，科技迅猛发展，物质得到

了极大的丰富，特别是城市面貌出现了巨大的变化。现代的城市充斥着现代化的高楼大厦，到处是体现速度和效率的城市交通，人们满怀热情地向新时代迈进。然而，快节奏的生活十分容易使人们遗忘历史。现代人已经认识到历史的重要性，历史和各种文化遗存已成为人们追忆过去的精神寄托。城市街道景观与人类社会各方面的发展有着密切的联系，不同程度地折射着社会的各个侧面，而现代人的这种尊重历史的态度和怀旧情结也反映在城市街道景观规划设计中。

3. 为街道景观规划设计提供素材

城市悠久的历史和丰富的文化，给城市街道景观规划设计提供了素材，景观规划设计师可以从中获取不少设计的灵感。如在上海市滨江路的景观规划设计中，船厂悠久的历史和特色文化为设计师提供了创造素材，设计师把船坞、滑道、起重机和铁轨等元素保留下来，使这个景观具有了独创性和标志性。

4. 增加城市文化内涵

城市景观是人类社会发展到一定阶段的产物，是一种文化现象，蕴含着人类文化的结晶；现代的街道景观更是体现了人们对文化内涵的追求。城市的历史具有唯一性，城市的文化具有地域性，在城市街道景观规划设计中融入城市的历史和文化，能增强城市的历史感和文化内涵。景观可以复制，但景观包含的文化内涵不能移植，因为它是在特定的环境的产物。只有具有文化内涵的景观才能拥有真正的生命力，才能真正给人精神上的慰藉。

第二节　景观规划设计的生态化倾向

随着景观规划设计的发展，人们意识到了景观生态化的重要性，生态景观规划设计中生态主义的思想也得到了重视。人们不再一味地追求形式，开始寻求大片绿地和高科技"天人合一"的生态环境，景观生态化设计也由此诞生。

景观生态化设计是一门交叉学科，涉及哲学、地理学、植物学、艺术学、建筑学、规划与生态学等多门学科。

一、生态化设计

生态化设计是指将环境因素纳入设计，要求设计的所有阶段均考虑环境因素，减少对环境的影响，引导环境的可持续性。

（一）生态化设计的概念

生态设计是指遵循生态学的原理，建立人类、动物、植物关系之间的新秩序，在将对环境的破坏减至最小的基础上，达到科学、美学、文化、生态的完美统一，为人类创造清洁、优美、文明的景观环境。可持续的、有丰富物种和生态环境的园林绿地系统才是未来城市设计的主流趋势。

（二）生态化设计的原则

首先，要尊重当地的传统文化，吸取当地的知识。因为当地的人依赖当地的物质资源和精神寄托，所以设计应考虑当地人及其文化传统。其次，应当顺应基地的自然条件，根据基地特征，结合当地的气候、水文、地形地貌、植被和野生动物等生态要素的特性展开设计，保证当地生态环境正常运行。最后，应当尽量因地制宜地利用原有的景观植被和建材，强调生态斑块的合理分布。自然分布的斑块本来就是景观上的一种无序之美，只要在设计中加以适当的利用改造，就能创造出具有生态美的景观。

（三）景观生态规划设计

景观生态规划设计意味着尊重环境生态系统，保持生态系统的水循环和生物的营养供给，维持植物生态环境和动物生存的生态质量，同时改善人居环境及生态系统的健康。

（四）城市生态景观规划设计

城市作为一种聚落形式，为人类提供了适宜生存的场地和环境。城市生态系统是由人类建立的生态系统，与人类的行为活动具有非常密切的联系；而自然生态景观广泛存在于自然界中，必须遵循自然规律。我们可以把城市生态景观规划设计看作人工与自然形式的结合，只有人工与自然相结合的城市生态才是可持续性发展的生态环境。

随着人们对环保事业的关注程度日益提升，营造自然的、绿色的生态人居环境景观成为人们共同关注的话题。"城市花园""山水城市""生态城市"等未来城市的发展模式正在慢慢形成，同时城市生态理念使得景观生态学、景观生态规划等新兴学科应运而生。

二、生态化融入居住区景观规划设计

(一) 居住区生态化景观规划设计蕴含的生态学理念

1. 居住区景观和周围自然环境保持统一和协调

随着生活质量的提高，人们对居住环境提出了更高要求。大多数人都想要过上低碳生活，因此在进行住房选购时，不仅会对户型和建筑质量提出严格要求，还会对居住环境进行严格考量。对此，景观规划设计人员应将"自然至上"作为规划设计居住区景观的基本原则，并根据周围的自然环境对居住区景观进行设计，确保居住区景观能够和周围自然环境保持统一性和协调性，进而为人们创造绿色、环保的居住环境。

2. 保持区域内生态系统的完整性

城市居住环境是生态系统的一部分，居住区景观生态系统是城市生态系统的重要组成。然而，在建设居住区时，往往会对周边的生态环境造成一定破坏和不良影响，对周边环境进行开发时也会出现同样的问题。在此过程中，如果破坏了生物结构的平衡性，就会影响到生态系统的自我修复，从而对生态系统造成毁灭性的破坏，最终严重影响整个区域的生态系统。基于此，在设计居住区景观时，必须对周边的生态系统进行勘察，综合考虑周边的生态环境因素，以保证区域内生态系统的完整和稳定。

3. 景观规划设计具有丰富性

景观规划设计过于单调是目前我国居住区景观规划设计中最为常见的问题。单调的居住区景观会让人们感到无趣，从而影响居住区景观实际意义的发挥，且还会对景观规划设计功能的体现造成影响。

对居住区景观规划设计进行调查后可以发现，对景观丰富性造成影响的因素主要有两点：一是很多居住区都没有留下充足的空间进行景观规划设计，面积过小的景观根本不能体现景观结构，对景观规划设计效果造成严重影响；二是一些施工单位为了获得更高的经济收益，对居住区景观规划设计不重视，甚至会将用于建设景观的面积用来建造建筑物，从而严重影响了景观结构的丰富性。

将生态化融入居住区景观规划设计则可以解决上述问题。具体而言，将代表科学的生态化思想和原则渗透到景观设计中，强调景观与生态艺术的结合，能够使景观规划设计更加丰富。例如，选择适宜在当地种植的植物，将乔木、灌木、花卉、地被植物搭配种植，可以创造丰富多彩的植物景观环境，给人一种置身自然的感觉。

（二）生态化融入居住区景观规划设计的原则

1. 因地制宜原则

在进行居住区生态化景观规划设计时，一定要坚持因地制宜原则和生态理念。因地制宜原则要求对场地要素进行重点关注，生态理念要求将所有生命形式融入当地环境，把它们当作一个整体。例如，目前人们还没有能力控制气候，因此进行居住区景观规划设计时一定要充分尊重气候变化规律，根据当地的气候特点对居住区景观进行因地制宜的设计，而不能随意地进行设计，或是不按照自然规律进行设计。

2. 与自然生态保持一致性

与自然生态保持一致性要求设计人员根据可持续发展原则进行居住区景观规划设计，从而提高居住区景观的舒适性、生态性和可观赏性。规划设计居住区景观时一定要注意和人们的日常生活相联系，充分尊重自然，不能对自然环境进行无序改造。同时，景观规划设计师须充分了解当地的自然环境特征，尽量不要对原有的生态环境造成破坏，还要了解当地的生态系统，以便在满足其他物种生态需求的同时为人们规划设计出高质量的居住区景观。

3. "以人为本"原则

设计的产生、发展和变化都离不开人，居住区景观的主要观赏者也是人。因此，在进行居住区景观规划设计时，一定要将人的感受作为重点考虑因素，将"以人为本"作为设计重要原则，充分体现对人的关怀。具体而言，设计人员须对不同人群的心理特点进行深入分析，这样才能根据人们的心理特点为人们规划设计合适的景观。另外，居住区景观须随着人们生活和观念的变化进行改变，只有这样才能确保景观能够满足人们的需求。

4. 开放共享原则

我国在几千年的历史发展过程中积累了很多智慧结晶和文化精华，可以说中华文化是组成世界文明的重要内容，是我国乃至全世界的宝贵财富。中华文化对我国的景观规划设计有着巨大影响，现在有很多景观规划设计人员都喜欢将我国传统元素融入居住区景观规划设计中，从而充分体现区域文化特征。

需要注意的是，景观规划设计人员在进行居住区景观规划设计时，既要遵守资源共享原则，又要严格遵守文化共享和生态共享原则，以便为人们创造一个和谐的生态居住环境，并促使居住区景观规划设计实现更好发展。

（三）生态化融入居住区景观规划设计的方式

1. 对景观元素进行合理规划

合理的景观布局是居住区景观规划设计的重要组成，可以充分展现居住环境。因此，景观规划设计人员应当对景观结构进行有效梳理，同时对景观中的河流、花草树木、道路进行合理规划，以保证整体设计效果。

基质、廊道和斑块是景观生态学对景观结构的划分。将生态化融入居住区景观规划设计，应当对景观布局的整体性进行有效把握，利用廊道合理串联设计斑块，以此来提高居住区景观规划设计的整体性，最终为人们提供整体效果较好的居住区景观。

2. 合理利用生态要素

进行居住区景观规划设计时，一定要对有价值的生态要素进行完整保留和合理利用，以便使居住区的人工景观和自然环境实现和谐统一。

要想实现这个目标，就要从三个方面入手。首先，保留现存植被。在进行居住区建设时，很多施工单位都会先清除施工现场的植被，然后再进行建筑物建设，等到完成建筑物建设后，再进行绿化工作。然而，一旦破坏了原生植被，再想恢复就需要花费大量的人力、物力和财力，而且恢复难度很大。因此，保留现存植被具有重要的现实意义。其次，结合环境水文特征。结合环境水文特征进行居住区景观规划设计需要保护场地的湿地和水体，同时还可以储存雨水，以备后期绿化使用。最后，对场地中的土壤进行有效保护。表层土壤是最适合生命生存的土壤，其中含有植物生长和微生物生存必需的各种养分和养料，因此保护土壤资源，能够为景观的生存和生长提供基础保障。

3. 对雨水进行回收再利用

雨水是一种受城市发展影响较大的环境因素。如果将城市路面都建设为不透水的路面，雨水就会经由下水道流到附近的湖泊或河流中。一方面，这种处理雨水的方式是对水资源的一种浪费，因为雨水不能渗透到地下，不能对地下水进行补充；另一方面，雨水在流到下水道的过程中会携带城市生活中的污染物，如果这样的雨水直接排放到自然水体中，就会对自然水体系统造成污染。此外，如果降雨量特别大，还会造成局部积水问题，情况严重时甚至会引发城市洪涝灾害。

因此，居住区景观规划设计须注意对雨水进行回收再利用，即就地收集没有渗透的区域内径流，并对这些径流进行存储、处理和利用。具体而言，可以借助自然水体和人工湖泊等存储雨水，并利用雨水处理系统对雨水进行净化，用于对居住区景观进行浇灌、冲洗厕所，或作为消防用水等。这样既可以改善城市水环境和生态环境，还可以提高水资源利用率，同时能够缓解我国水资源紧缺问题。对于雨水不能渗入地下的问题，可以使用可渗透性材料铺设居住区道路，这样雨水就可以渗入土壤，从而补充地下水量。

4. 运用生态材料和生态设计技术

现在人们对居住区环境的要求越来越高，很多人都要求居住区配备个性的独立景观。将生态材料和生态设计技术应用到居住空间中既可以满足人们对景观环境的要求，又可以为人们提供完美的休闲娱乐场所。因此，景观规划设计人员须全面理解和认识景观规划设计，不能过于追求景观规划设计的现代化和经济化；须对景观规划设计的本质进行充分考虑，确保景观规划设计和生态环境之间形成和谐共处的关系。只有这样，才能实现将生态化融入居住区景观规划设计的根本目的。

现代居住区景观规划设计并不是一定要具备个性和创新性，而是应有效结合周边的自然景观和文化，通过合理地投入成本，对景观进行科学维护，对地域特点和自然特色进行充分考虑，同时结合人情文化和风土氛围，显著改善居住区景观规划设计效果。因此，在选择建筑材料时，一定要选择节能环保的材料，同时采用生态设计技术，只有这样才能推动居住区景观规划设计的长远发展。

第三节　景观规划设计功能的多元化

一、居住区景观规划设计功能

我国是人口大国，因而在很长一段时间内，我国对于居住区的设计重点都在高效利用土地上。进入 21 世纪后，居住区景观环境设计不仅提倡"量"的增加，还提出要注重"质"的飞跃。

随着现代景观规划设计专业的发展，人们在基本解决了居住面积问题之后，开始对现代居住区景观的功能提出了更多的要求，主要体现在景观规划设计视觉景观形象、环境生态绿化、大众行为与心理三个方面。

（一）满足视觉景观形象的要求——审美功能

视觉景观形象主要从人类视觉形象感受出发，根据美学规律，利用空间实体景物，研究如何创造让人赏心悦目的环境形象。这是基于人们对审美功能的要求而设定的。在现代居住区景观规划设计中，创造丰富的视觉景观形象是一个重要任务，体现了人们对美的追求。

在居住区景观规划设计中，视觉景观形象通常是具象的、可见的实体，其呈现方式是多样化的，如构筑物、道路的铺装、植物、雕塑、水体等。任何元素在现代居住区景观规划设计中都充当着重要的视觉形象，同时这些视觉景观形象也给人美的感受，这也是基于当代人对居住区景观审美功能的要求。例如，小区中的水景、植物能够给人美好的视觉形象。

（二）满足环境生态绿化的要求——生态功能

环境生态绿化是随着现代环境意识运动的发展而注入景观规划设计的现代内容。它主要是从人类的生理感受要求出发，根据自然界生物学原理，利用阳光、气候、动植物、土壤、水体等自然和人工材料，研究如何创造舒适的、良好的物理环境。这也是人们对居住区景观生态功能的要求。

相较于封闭的室内空间，人们更愿意去开敞的室外空间活动，这源于人类亲近大自然的天性。居住区景观作为居民日常活动的主要场所，充当着重要的角色。居住区景观的生态功能不仅表现在自然生态环境和人工生态环境两个方面，还表现在从可持续发展的角度来诠释景观的生态性。

自然生态系统在现代景观规划设计中依然不可忽视，因为良好的自然生态环境是打造现代化居住区的前提。在居住区生态绿化的建设中，可以通过多种方式来实现景观的生态功能，最常见的就是绿化种植。这里所说的绿化种植不仅拘泥于绿地的填充，也是对植物的设计，以及结合视觉景观形象打造宜人的、生态多样性的绿地环境。

在能源和资源可持续利用方面，现代景观生态建设也在不断尝试和进步。在材料选择上，可以因地制宜地选择当地的材料，以节约人力和物力资源。例如，日本枯山水庭院就是在当时水资源匮乏和白沙资源充沛的环境条件下发展形成的。这种方式在现代景观规划设计中得到了广泛的应用，如利用常绿树苔藓、沙、砾石等常见造园素材，营造"一沙一世界"的精神园林。

在技术上，利用高科技手段、高科技材料同样能够达到一定的生态效益，比如常见的太阳能照明技术、雨水收集技术等，均能运用到现代景观规划设计领域中。随着现代景观规划设计行业的不断发展，在传统生态学基础上产生了针对景观生态学的专项研究，进而可以利用系统方法和科技为现代景观生态研究提供一定的依据。但是，在实践过程中，关注生态问题和确切落实生态问题之间存在着巨大的脱节，景观规划设计人员往往在意识形态上有了认识，但是在物质形态的表现中有所欠缺。这种脱节的存在直接影响了景观的生态功能的实现，使设计出的作品不能满足人们对环境生态绿化的要求。从这一现象来看，景观规划设计人员还须找到更多的途径来满足人们对现代环境生态绿化的要求。

（三）满足大众行为心理的要求——物质活动与精神活动功能

大众行为心理是随着人口增长、现代多种文化交流，以及社会科学的发展而注入景观规划设计的现代内容。它主要是从人类的心理精神感受需求出发，根据人类在环境中的行为心理乃至精神活动的规律，利用心理、文化的引导，研究如何创造使人赏心悦目、积极向上的精神环境。大众行为心理属于抽象的范畴，但是它可以通过具象的景观环境传达给人不同的感受。

要想使居住区景观具备物质活动功能，居住区景观规划设计就应当根据居民的物质活动，即物质文化生活和行为来开展。例如：居民需要丢垃圾，那么就应该在小区内部设置垃圾桶；居民需要在夜间行走，那么就应当在居住区内部设置照明设施；居民需要购买日常用品，那么就应当在居住区内部设置小卖部等。

除了物质活动功能外，现代景观规划设计还具备一项新的功能，即精神活动功能。例如，中国传统园林景观规划设计讲求"意境"就是最好的证明。传统园林里经常能看见托物言志、寄情于景的园林表达，注重人在环境中的心理感受和精神体验。

总的来说，现代居住区景观规划设计，在满足人们基本的物质活动的同时也要注重满足人们的精神活动，在精神上给人以享受。

二、园林植物景观规划设计功能

（一）保护和改善自然环境

植物保护和改善自然环境的功能主要表现在净化空气、杀菌、通风防风、固沙、防治土壤污染、净化污水等多个方面。

1. 固碳释氧

绿色植物就像一个天然的氧气加工厂，可以通过光合作用吸收二氧化碳（CO_2），释放氧气（O_2），平衡大气中的 CO_2 和 O_2 的比例平衡。

2. 吸收有害气体

污染空气和危害人体健康的有毒有害气体的种类很多，主要有二氧化硫、氮氧化物、氯气、氟化氢、氨气等。有许多植物都具有吸收和净化有害气体的功能，但不同植物吸收有害气体的能力各有差别。

3. 吸收放射性物质

树木本身不但可以阻隔放射性物质和辐射的传播，而且可以起到过滤和吸收的作用。

在有放射性污染的地段设置特殊的防护林带，在一定程度上可以防御或者减少放射性污染造成的危害。

通常情况下，常绿阔叶树种吸收放射性污染的能力比针叶树种强，仙人掌、宝石花、景天等多肉植物，以及栎树、鸭跖草等都具有较强的吸收放射性物质的能力。

4. 滞尘

虽然细颗粒物只是地球大气成分中含量很少的部分，但是它对空气质量、能见度等有很重要的影响。大气中直径小于或等于 2.5 微米的颗粒物被称为"可入肺颗粒物"，即PM2.5，其化学成分主要包括有机碳、元素碳、硝酸盐、硫酸盐、铵盐、钠盐等。与较粗的大气颗粒物相比，细颗粒物粒径小，富含大量的有毒、有害物质，且在大气中的停留时间长、输送距离远，因而对人体健康和大气环境质量有较大的影响。

5. 杀菌

绿叶植物大多能分泌出一种杀灭细菌、病毒、真菌的挥发性物质，如侧柏、柏木、圆柏、欧洲松、铅笔松、杉松、雪松、柳杉、黄栌、盐肤木、锦熟黄杨、尖叶冬青、大叶黄杨、桂香柳、胡桃、黑胡桃、月桂、欧洲七叶树、合欢、树锦鸡儿、刺槐、槐、紫薇、广玉兰、木槿、大叶桉、蓝桉、柠檬桉、茉莉、女贞、日本女贞、洋丁香、悬铃木、石榴、枣、水枸子、枇杷、石楠、狭叶火棘、麻叶绣球、银白杨、钻天杨、垂柳、栾树、臭椿以及蔷薇属植物等都会分泌这种挥发性物质。

除此之外，芳香植物大多也具有杀菌的效能，如晚香玉、除虫菊、野菊花、紫茉莉、柠檬、紫薇、茉莉、兰花、丁香、苍术、薄荷等。

（二）改善空间环境

1. 利用植物创造空间

与建筑材料构成室内空间一样，户外植物在空间构成上往往充当着地面、天花板、围墙、门窗等角色，其空间功能主要表现在空间围合、分隔和界定等方面。

2. 利用植物组织空间

在景观规划设计中，除了利用植物组合创造一系列不同的空间之外，有时还需要利用植物进行空间承接和过渡。即让植物如同建筑中的门、窗、墙体一样，为人们创造一个个"房间"，并引导人们在其中穿行。

第四节 景观规划设计审美的多元化

随着社会的发展以及人们生活环境和文化观念的转变，现代景观规划设计审美在众多因素，如传统农耕文化、现代工业文明、生态文明等的影响下，越来越趋向于多元化，导致景观规划设计形式的多样化与复杂性逐渐增强。

然而，这也导致我国景观空间的审美出现如下矛盾：在传统农耕文化的影响下，人们对景观空间的审美趋向于质朴、平实；中国历代文人的审美意味、精神诉求决定了人们追求景观空间的意境表达，趋向于内敛、空灵的审美。但是，科技、信息化和工业化的快速发展以及繁忙的社会化活动，使人们渐渐无暇顾及传统的审美方式，进而导致城市景观千篇一律。在此背景下，多元化审美成为现代景观规划设计和现代审美的必然要求和趋势。

一、景观规划设计的美学特点分析

（一）景观规划设计的价值体现和美学特点

1. 景观规划设计的价值体现

景观规划设计的价值体现在不同的领域、不同的人群中。例如，在地质学家看来，景观规划设计更像是一种科学活动，是人类改造和烘托自然的现代化手段。在艺术家心中，景观的价值更多地体现在思想的表达上，其思想内涵大于实际用途。在生态学家看来，景观设计是一个人为的环境系统，是人与自然融合的过程，是人类改造居住区的一种方式。在普通人的眼中，景观设计的目的是让人们生活得更舒适。为了使城市更加美观而建设的城市公园，华美、古典、旖旎的小区环境，都是景观设计价值的体现。

景观设计更多是为大部分普通人服务的，所以对于景观设计的价值功能更为广泛的定义是在视觉上具有画面感，并且能在某一视点上可以全览景象，也少不了使用功能。景观美学在不同的人眼中也有不同的理解。景观的价值不仅要体现对于公众的服务性，还要兼顾美学性。

2. 景观规划设计的美学特点

不同景观规划设计师对景观美学的理解不同，表现出的效果也不同；即使是对于同一场景，不同人也有不同的定义和审美。景观既是对自然的向往，也是对聚集场所的改造。景观不仅展现了美，也传达了人们的视觉、价值观和对历史文化的弘扬。现代城市中的景观规划设计大多体现在城市空间环境中，其中有许多都具有独特的艺术形式，也成了城市的名片和标签。它们是地域特色的表现，具有完整的景观系统。它们与空间形成一种无序感，给人留下了深刻的印象。

无论是中国的风景还是西方的风景，都有自己的民族特色。西欧景观形态具有优雅的魅力，是现代文明的起点；中国有着悠久的历史和文化遗产，有许多元素都可以代表中国文化，如松、鹤、牡丹、莲花、宫殿、竹和梅。然而，单纯利用传统符号来表达传统的内涵是抽象的，容易造成景观"沉稳而不活泼"。因此，在当代景观规划设计中，出现了"新中式"景观规划设计风格。这种"新中式"景观规划设计思维是传统文化与现代文明相结合的一种流行趋势，它既包含了传统元素，又体现了新时代的特点。

（二）景观中的美学思辨

景观中的美学涉及自然美学、艺术美学。

1. 景观中的自然美学

景观中的自然美符合中国人的传统思想理念。中国自古就有"中庸""天人合一""万物归一"等思想观念，这种思想上的意象可以转化成为人们对于眼前景色的联想和延伸。由此可见，美的感觉也就是人们的意象世界。

自然美在欧洲被分为三个层次，即原生山水、耕种田园、园林景观。原生山水自然被认为是造物主的杰作，田园是人们用自己的双手去改造生活的杰作，园林景观则纯粹是人们追求美的一种向往，它不具有经济意义，但可以丰富人们的精神世界。

2. 景观中的艺术美学

艺术美学是人们创造的一种人工场景，它可以通过设计师的思想转化为作品。因此，艺术美必须具有特定的形象，这个形象主要来自人们的生活、想象和对未来的憧憬。艺术美学是新鲜和生动的，我们从中可以看到现实的影子，但无法在现实中找到同样的副本。艺术美学更注重个性和深刻意义，是主观的，不同的人有不同的审美，不同的人在相同的空间和时间的情感变化是不一样的。

艺术美与自然美的结合是中国古典园林最完美的体现。古典园林将许多自然美景"移植"到人工园林中，讲究的是不对称的结构，看似无序，实际上是按照自然美学的发展角度来创造人工美学。

（三）美学与景观规划设计的融合性应用

我国现有的景观规划设计中已经有很多经典与美学完美融合的案例，景观规划设计方向也越来越多元化。景观已经成为人们生活中的一部分，为了推进景观的美学发展，下面将进一步探讨美学与景观设计的融合性应用。

1. 美学是景观规划设计的基础性指导

在景观规划设计的初始阶段，景观规划设计师首先须厘清如何处理好当前项目中人与自然的和谐关系。从环境的角度来看，景观规划设计师应该尊重自然生态，建立人与自然和谐统一的关系，既要强调自然的主体性，又要兼顾人的自然性。例如，在城市景观公园中，地理条件、水文气候都是自然形成的主体，因此须进行"顺势而为"的设计，让更多的自然景观得以保留；同时，要考虑到人是服务对象，人们在游览公园时，主要感受的是自然景观的氛围，因此在设计过程中，应将自然美与艺术美有效地结合起来，使艺术美烘托自然美，自然美反哺艺术美。

此外，当我们按照这样的理念设计公园等项目时，还可以有效节约成本。将自然美学与经济挂钩，可以极大地增强景观规划设计的优越性，促进城市景观的良性发展。

2. 有效提升景观规划设计的美学合理性

在景观规划设计的实践应用中，要使作品更具适用性，就要针对不同的景观项目探索其中的美学合理性。

第一，在自然美学中，应该遵循环境与自然的统一概念，这两者是互补的、是不可分割的。自然环境不可能在短时间内形成，而是通过多年演变和不同客观因素的共同积累形成的。同时，自然环境的发展有其独特的规律，在景观规划设计中应尽量保留原有的自然景观，保证生态系统的完整，不能轻易大兴土木，对环境造成破坏。

第二，考虑人类环境。人类的发展史不仅是人类祖先留下的痕迹，更是宝贵的精神遗产。因此，在景观规划设计中要充分保护人文景观的完整性。如果有必要，还可以在景观中加入人文历史宣传，最大限度地突出人文主题，使之成为景观中的亮点，成为人们可以参观的落脚点。

第三，明确主要对象，景观设计的主要目的是为人们提供休闲娱乐的场所，面向的服务对象是人。因此，应将美学融入服务，以人为主要的设计出发点。例如，在考虑舒适性的前提下，让人的视野可以"移步换景"，即每种映入眼帘的景色都不会让人产生重复感，以避免审美疲劳，充分满足人们的审美需求。

第四，美学在景观中要有整体性。一个大尺度的景观将被划分成许多小单元，各单元相对独立，但总体上属于大型景观的结构构成。在景观规划设计的过程中要考虑美学的统一性，使每个单元之间有一定的联系。

第五，美学的长效性。景观既要为人所用，也要为自然所用。从当前城市发展的角度来看，生态平衡和绿色环保是未来城市发展的必然趋势。景观规划设计在美学上拓展空间外延的同时，也要符合社会发展的规律，对可持续发展进行不断深入的研究。

3. 利用美学完善景观规划设计细节

很多设计师在景观规划设计的过程中都有很好的整体控制，但对细节的控制则不完美。然而，细节往往决定着景观规划设计的成败，细节也能体现出景观设计师严谨的思维方式和思路。

景观工程中有很多公共空间，很多造型都会在公共空间中进行。在公共空间中，艺术可以在比较大的审美主体的设计模式中被放在显眼的位置，衬托出景观的主要理念，能让人在一个吸引眼球的空间里知道景观规划设计师想要传达的意思。在单元划分上，可以在景观的中间部分设计一些餐饮或活动设备区，不仅可以为人们提供休息、补充能量的地方，也可以为经常光顾的人们提供锻炼和放松的地方。

此外，景观中还可以增加一些"曲径通幽"的交通道路。现代人的生活和工作压力比较大，需要一个能让时间"慢"下来的地方，享受安静的休闲时光。这类道路上应该有专门的防滑设计，以免因雨雪打滑给游客造成伤害。在整体美学方面，应加强体现景观精神的细节。比如，中国园林可以表现民间元素，现代园林应该有丰富的艺术造型。通过将点和线连接成平面，可以使游客感受到美的意义。

二、审美融入景观规划设计

将审美融入景观规划设计，能够提升景观的观赏性、文化性乃至生态性。以植物为例，植物美学观赏功能（即植物美学特性）的具体展示和应用，主要表现在利用植物美化环境、构成主景、形成障景等方面。

（一）主景

植物本身就是一道风景，尤其是一些形状奇特、色彩丰富的植物，更会引起人们的注意，如城市街道一侧的羊蹄甲便成为城市街景中的"明星"。但是，并非只有高大的乔木才具有这种功能，每种植物都拥有这样的"潜质"，关键在于景观规划设计师是否能够发现并加以合理利用。例如：在草坪中，一株花满枝头的紫薇会成为视觉焦点；一株低矮的红枫在绿色背景下会让人眼前一亮；在阴暗角落，几株玉簪会令人赏心悦目。也就是说，作为主景的，既可以是单株植物，也可以是一组植物。

此外，主景还可以以造型取胜，以叶色、花色等夺人眼球，以数量形成视觉冲击性等。

（二）障景与引景

古典园林讲究"山穷水尽、柳暗花明"。通过障景，可以使游人的视线无法通达；而利用人的好奇心，引导游人继续前行，探究屏障之后的景物，便是引景。事实上，要想达到引景的效果，就需要借助障景的手法，两者密不可分。例如，在道路转弯处栽植一株花灌木，一方面，遮挡了路人的视线，使其无法通视，增加了景观的神秘感，丰富了景观层次；另一方面，这株花灌木也成为视觉的焦点，吸引游人前行。

在景观创造的过程中，尽管植物往往同时具备障景与引景的作用，但面对不同的状况，某一功能可能会成为主导，因而所选植物也会有所不同。如果游人视线所及之处景观效果不佳，或者有不希望游人看到的物体，那么在这个方向上栽植的植物主要承担着"屏障"的作用。例如，某企业庭院紧邻城市主干道，外围有立交桥、高压电线等设施，景观效果不是太好，因此在这一方向栽植高大的松柏作为障景，能够阻挡视线。

引景一般选择枝叶茂密、阻隔作用较好以及"拒人于千里之外"的植物，如一些常绿针叶植物云杉、桧柏、侧柏等。例如，某些景观隐匿于园林深处，此时的引景就十分重要，既不能挡得太死，又要体现出一种"犹抱琵琶半遮面"的感觉，因此应该选择枝叶相对稀疏、观赏价值较高的植物，如油松、银杏、栾树、红枫等。

第五节　景观规划设计艺术与风格的多元化

中国是一个文明古国，景观文化是中国传统文化的重要组成部分。随着经济、文化的发展和交流，人们对文化的需求越来越多元化，促进了景观文化的多元化以及景观规划设计的艺术与风格的多元化。

一、形式的多元化

如今，多种文化思潮与艺术形式都在影响着景观规划设计的风格，如折中主义、结构主义、历史主义、生态主义、极简主义、波普艺术、解构主义等。在各种艺术与思潮多元并存的今天，景观规划设计呈现出前所未有的多元化与自由性特征，各种形式、风格的景观冲击着人们的眼球，营造着兼具随机性与偶然性的景观效果。下面将简述几种不同形式的景观。

（一）折中主义景观

折中主义没有独立的见解和固定的立场，对事物的相互关系也不是从具体发展过程中进行全面而辩证的分析，而是一种将矛盾双方不分主次地并列起来，把根本对立的观点和理论无原则地、机械地混同起来的思想和方法，也是形而上学思维方式的一种表现形式。在哲学上，折中主义者企图把唯物主义和唯心主义混合起来，建立一种超乎两者之上的哲学体系。折中主义在建筑、宗教、心理等领域应用广泛。

建筑领域的折中主义风格是兴起于 19 世纪上半叶的一种创作思潮，于 19 世纪末 20 世纪初在欧美盛行一时。折中主义为了弥补古典主义与浪漫主义在建筑上的局限性，任意模仿历史上的各种风格，或自由组合各种样式，因此也被称为"集仿主义"。折中主义之所以流行，是因为它对所有建筑风格都采取不排斥的态度，人们可以从它身上看到古典主义、文艺复兴、巴洛克甚至新艺术运动的形式。景观上的折中主义不是纯粹的中式与欧式的混合，抑或自然式与规则式的交杂，而是一种变化了的集仿主义，是在考虑基地现状的基础上将多种风格的景观要素及设计手法进行糅合、提炼的设计方法。

（二）结构主义景观

首先，从设计背景上来说，语言符号学为结构主义的发展构建了完善的理论框架。一般来说，符号主要包含声音与思维。使用符号能够表现出一个人的文化层次，能够实现自身对社会的认识，同时在表达的基础上传递信息。其次，从含义与特征上来说，结构主义是借助符号来表示物象本身与文化的。结构主义通过将设计物体作为材质，使设计出来的东西包含传统的含义，并按照其相互之间的关系来实现有机融合。最后，从结构主义设计上来说，通过引用符号，能够赋予文化更为广泛的含义，加之设计物体自身也能够展现出一定的内涵，所以设计的具体内容可以实现对结构的分解。从这一层面来说，结构主义的特点就是在结构设计中，不同的元素有着不同的象征意义，其中也蕴含着极为深厚的意义与内涵。因此，结构主义设计强调元素的组合，同时能够创造出相应的意境，实现文化的传达。

1. 元素的搭配

园林景观规划设计的方法往往体现在园林的整体布局上，尤其是对水面的处理以及山石等的设置上。水是园林中整体布局的重点，如果没有水的参与，那么园林就会显得呆板无趣。中型园林景观在布局上主要展现出多元化的主题，对于水的处理也是比较广泛的；而在小型园林景观规划设计中，水面处理主要以"聚"为主，因为"聚"能够展现出水面的宽泛化，让人们产生游玩的兴趣。

从布局手法上来说，园林景观规划设计比较注重不同元素之间的搭配与组合。园林布局设计几乎没有单独元素成景的，而且元素之间的组合也不是简单的组合，而是比较复杂的组合，这也体现了对结构主义设计理念的运用。通过不同元素之间的组合，往往能够设计出具有不同特点的景观。

2. 意境创设

在园林景观规划设计中，独有的形式与园林建筑，能够为人们营造出充满神秘感的意境，如内廊、流水、小桥等都是极具内涵与想象意境的。此外，山石与湖泊等的组合也可以带给人们意犹未尽的感受，各个景观的不断出现也能够为人们营造出新的意境。这在一定程度上实现了结构主义设计理念的有效运用目标。

3. 文学渗透

结构主义设计比较注重不同文化与历史因素的引入。可以说，我国的古典文化与今天的园林建设之间有着极为密切的联系，不论是诗词歌赋还是书法绘画，都能够促进园林景观规划设计的发展。通过将文学、诗歌以及绘画等的意境融入园林景观设计，可以赋予园林景观全新的韵味。

（三）历史主义景观

此处以历史主义建筑为例，通过对历史主义建筑的概念及其形成的分析，介绍历史主义对景观规划设计的影响以及历史主义景观的相关内容。

1. 历史主义景观的概念

为了清晰地了解历史主义的概念，下面将对其进行表述性的分析：

（1）历史主义建筑与历史上既有的样式相关联。也就是说，历史主义建筑必须运用历史建筑的样式与细部进行创造。

（2）历史主义建筑需要设计者有丰富的理论与历史知识，能够自如地通过自己的设计，创作出具有某种历史内涵的作品。

（3）历史主义建筑关注风格的创造。其着眼点并不在于模仿既有的风格，而在于借助历史上的建筑式样与细部使自己的创作元素形成一种新的具有历史感的风格样式。

（4）历史主义建筑关注时代精神的创造。历史主义的建筑语言是通过历史式建筑话语的表达来承载创作者自己时代的精神内核，因而体现了一种时代的、民族的和文化的意志。

（5）历史主义建筑关注"细部的真实性"，因而奠基于较为严格的学术态度之上。从这一点出发，历史主义建筑将自己与肤浅的"欧陆风"建筑、"仿古"建筑严格地区别开来。

（6）历史主义建筑在形式上着意于具有可识别性的原型，并通过对原型的标准化，使建筑具有某种技术层面的体现，彰显社会及科技的进步。

（7）历史主义建筑关注地域传统，属意于自身所处的地域性特征。在建筑语言上，往往会附带有地域传统建筑的建筑语言符号。

（8）历史主义建筑倾向于通过运用符号与象征手法，赋予自己某种意义，从而向人们宣称，自己是某一民族、某一文化、某一时代或某一地域的建筑的代表。

从上述基础性的表述中，可以推测出历史主义不同于古典主义，因为它不仅仅以西方古典建筑为其创作原型；历史主义也不同于传统主义，因为它不依赖于学院派的传统，不执迷于某种正确的建筑样式与风格，只是通过恰当与正确的建筑样式与风格，表达某种设计者属意的精神或意义。

现代建筑大师贝聿铭在后期创作中，以其深厚的东方文化的底蕴与现代建筑的功力，创造了一些极具东方建筑意味的现代建筑，如中国的北京香山饭店、苏州博物馆及日本的美秀美术馆等。这些作品都是恰当地运用了中国或日本的历史建筑符号，表达了一种颇具东方意蕴的现代建筑，具有特立独行的特点。这些建筑中并没有任何模仿中国或日本传统建筑的痕迹，却具有浓郁的中国或日本文化的意义与象征性表达。

2. 历史主义景观的形成

19世纪末20世纪初，西方建筑正处于"现代主义"的进程中，在这个历史时期中，出现了很多新的建筑理念、建筑形态和建筑风格。在众多的建筑风格运动中，密斯·凡·德·罗（Mies van der Rohe）是现代主义建筑设计的改革先驱和国际主义风格的奠基人之一；而菲利普·约翰逊（Philip Johnson）在20世纪四五十年代曾是密斯忠实的追随者，他在康涅狄格州纽坎南兴建的"玻璃住宅"使他声名大噪，这也是体现密斯"少就是多"的精神的典型案例。但是，当约翰逊与密斯合作设计位于美国纽约的西格拉姆大厦的时候，他却开始走向另一种方向。密斯的建筑哲学强调"少就是多""建筑的统一性""结构的诚实性"的设计原则，这在当时主流的设计思想中是较为推崇的；而当约翰逊与密斯合作设计西格拉姆大楼时，约翰逊开始对密斯过于统一、刻板的设计风格产生了怀疑，并开始厌恶高层办公楼这一"乏味的建筑类型"，希望突破这个局限，发展建筑的丰富面貌。

20世纪50年代末60年代初，约翰逊的活动中心已转移到对现代主义的怀疑和否定，并确立了自己称为"历史主义"的原则。这一时期他的作品风格多变，他希望在广博精深的历史中汲取养分，以滋润现代主义建筑。他提倡的"新古典主义"便反映了继承传统的态度。他认为古典的形式仅可以作为一种设计概念和气氛而加以撷取运用，而不是可以照搬的图式和构件。他还多次表示"我们不能不懂历史"，并强调"历史是一种广阔的、有用的教养""要是我手边没有历史，我就不能进行设计"。在20世纪60年代，约翰逊建造的摩天大楼均呈现出受历史先例影响的痕迹。

（四）生态主义景观

生态主义以生态学原理为理论指导，将可持续发展作为景观规划设计的必由之路，并将文化内涵与艺术融入景观。这不仅是简单地满足人们对环境的基本需求，也是将生态主义上升到了保护生态平衡、改善整个人类的生态环境系统的一个新高度。

1. 生态主义景观规划设计的设计理念

生态主义景观规划设计是生态设计的重要组成部分，着重强调以自然为本的生态主义理念。生态景观规划设计的设计理念是将以人为本转变为以自然为导向，在人与自然之间找到平衡点。自然环境是人类生活的地方，景观是人类文明的产物，景观规划设计就像一个纽带，使人与自然环境紧密相连。生态主义景观规划设计不能被认为是完全由自然景观产生的，没有任何人为参与，因为设计师是协调人类活动过程与生态发展过程的有效因素，能够尽可能地减少人类对环境造成的损害。

2. 生态主义景观规划设计的原则

（1）尊重自然

在自然系统中，所有部分都是互相关联的，生态系统与人类的命运也是密切相关的。可以说，对自然的破坏也就是对自己的伤害，对自然的不尊重本质上也是对自己的不尊重。因此，生态主义景观规划设计首先要尊重自然。具体而言，要根据基地的自然条件，合理地利用地形、土壤、植物等自然资源，尽可能地降低或减少人类对场地的破坏，并通过科学的、环保的方式促进生态环境循环和自我新陈代谢，增加生物多样性；充分利用自然自身的降解能力和循环能力，建立和发展自然、良性的生态循环体系。

（2）以科学为指导

科技是第一生产力，科学技术的发展推动着社会的前进，也推动着生态景观主义的发展。因此，生态主义景观规划设计要充分利用现代科学技术，加大对利用高科技生产的可重复利用的环保材料的投入，并通过科技的手段提高土壤分解能力，恢复土地的生命力，利用科学技术来设计更具生态性的景观作品。

（3）与艺术相结合

生态主义景观规划设计是一门综合性的科学体系。从艺术的角度来看，一件好的作品不仅能满足人们的使用需求，还能满足人们的视觉观赏需求。好的生态景观作品应将景观与现代艺术结合起来，并加以循环利用，结合艺术的审美要求，来展现艺术美感和生态性。

（五）极简主义景观

19 世纪中叶以来，在绘画、雕塑、建筑等领域的现代艺术思潮影响下，以美国为代表的西方城市公园设计活动开始兴起。在长期的探索和不断的革新中，具有现代意义的景观规划设计活动开始趋向成熟。在此背景下，涌现出了一批富有热情和想象力的景观规划设计师，他们结合生态进行规划设计，使景观从简单的私家庭院扩展到城市的公共开放空间，并进行了多种尝试，大胆创新，进行了多方位的探索，开创了景观规划设计的新局面。20 世纪 90 年代，景观规划设计的发展达到高潮，多个景观规划设计风格流派争相涌现；同时，传统园林设计的服务对象也从原来的皇家贵族转移到为大众服务，以民主的形象替代了传统园林巨大的纪念性和极端权力的表现，为现代公共景观的规划设计奠定了基础。

随着科学技术和工业化的迅速发展，文化越来越多元，人们的世界观、价值观、审美观也在不断地发生变化，开始从追求奢侈华丽、铺张浪费转变为追求简洁、朴素和自然的生活方式。在此背景下，极简主义应运而生，影响着当下人们对审美和文化追求。例如，从单纯地追求形式构图之美，转变为追求集功能性、科学性、艺术化、多目标的审美眼光于一体的景观规划设计。如今，极简主义越来越受到关注。为了适应节约型、生态型的良性社会发展要求，极简主义在景观规划设计行业持续盛行和发展。

二、多种艺术形式影响下的景观规划设计风格

（一）中式风格、西亚风格与欧洲风格

中式风格园林可以细分成北方园林、巴蜀园林、江南园林和岭南园林。中式园林的设计理念是接近自然，以亭台参差、廊房蜿蜒为陪衬，以假山、流水、翠竹等设计元素体现独特风格。

西亚风格园林特点是以"绿洲"为模拟对象，把几何概念运用到设计中。西亚风格的园林设计以树木和水池为设计元素，水渠和水池的形状方正规则，房屋和树木按几何规则加以安排。其中，伊斯兰风格园林建筑雕饰精致，几何图案和色彩纹样丰富，明暗对比强烈，对现代景观规划设计影响深远。

欧洲园林突出线条的设计，使用修建、搭配等手法塑造深沉内向的大森林气质。其中，英国园林强调自然，严格按照风景画的构图进行园林设计，将建筑作为风景的点缀。这些手法常常被现代园林设计承接和使用。

（二）现代主义影响下的景观规划设计风格

现代艺术蓬勃发展，多种艺术流派和风格层出不穷，审美观念和艺术语言实现了极大的拓展。景观规划设计也紧跟现代主义的步伐，在设计中不断借鉴和吸取经验。

（三）生态主义影响下的景观规划设计风格

生态景观规划设计理念是现代景观规划设计的发展趋势，提高景观生态化可以提高城市居民的生活质量。生态主义影响下的景观规划设计注重植物植被的生态群建设，追求"四季有景"等景观效果以及合理、科学的植物生态群落搭配，使不同的群落之间互相补充、互相协调，达到共同生长的状态。

生态主义影响下的景观规划设计注重对动物、微生物等要素的设计。例如：通过生态景观规划设计加强对城市中鸟类的保护，让景观区域成为鸟类栖息的环境；将落叶纳入设计，因为经常清扫落叶会阻碍微生物的繁衍，破坏微生物对植物的保护；将垃圾当成资源来利用，避免病毒的产生。

（四）后现代主义影响下的景观规划设计风格

后现代主义的产生打破了传统，让艺术从神坛走向生活，创造出了一种全新的思维方式，具有媒介多变、文化观念多样等特征。在后现代主义影响下的景观规划设计作品给人留下了深刻的印象，因为其反对现代景观规划设计中强调的功能、理性和严谨。随着后现代主义设计的发展，景观规划设计也逐渐变得更加多元化。

参考文献

［1］ 王彤云．现代景观规划设计［M］．延吉：延边大学出版社，2022.

［2］ 侯娇．园林景观工程材料与构造［M］．重庆：重庆大学出版社，2022.

［3］ 刘斌，陈丹．园林景观设计构思与实践应用研究［M］．西安：西北工业大学出版社，2022.

［4］ 徐平，隋艺，王静．现代城市规划中园林景观设计的运用研究［M］．长春：吉林科学技术出版社，2022.

［5］ 郝欧，谢占宇．普通高等学校十四五规划风景园林专业精品教材景观规划设计原理第2版［M］．武汉：华中科技大学出版社，2022.

［6］ 耿秀婷，张霞，曹茹茵．现代城市园林景观规划与设计研究［M］．北京：中国华侨出版社，2022.

［7］ 丁廷发，李晓曼．案例式高等职业学校双高计划新形态一体化教材园林景观设计［M］．武汉：华中科技大学出版社，2022.

［8］ 陈开森．园林植物种植设计园林景观必修课［M］．北京：化学工业出版社，2022.

［9］ 李静．基于生态学理论的城市园林景观设计研究［M］．哈尔滨：北方文艺出版社，2022.

［10］ 王志芳．住房城乡建设部土建类学科专业十三五规划教材高等学校风景园林景观学专业推荐教材景观设计研究方法［M］．北京：中国建筑工业出版社，2022.

［11］ 刘钊．现代景观规划设计探索研究［M］．北京：中国纺织出版社，2021.

［12］ 祁娜，刘丰，李修清．现代园林景观规划设计研究［M］．哈尔滨：北方文艺出版社，2021.

［13］ 周武忠，周之澄．景观的思想［M］．上海：上海交通大学出版社，2021.

［14］ 史明，刘佳．景观艺术设计［M］．北京：中国轻工业出版社，2021.

［15］ 邰杰．景观概念设计教程［M］．2版．苏州：苏州大学出版社，2021.

［16］ 王东风，孙继峥，杨尧．风景园林艺术与林业保护［M］．长春：吉林人民出版社，2021.

［17］ 孙新旺，李晓颖．从农业观光园到田园综合体现代休闲农业景观规划设计［M］．南京：东南大学出版社，2020.

［18］ 韦杰．现代城市园林景观设计与规划研究［M］．长春：吉林美术出版社，2020.

［19］ 陆娟，赖茜．景观设计与园林规划［M］．延吉：延边大学出版社，2020.

［20］ 王江萍．城市景观规划设计［M］．武汉：武汉大学出版社，2020.

［21］ 樊佳奇．城市景观设计研究［M］．长春：吉林大学出版社，2020.

［22］ 彭丽．现代园林景观的规划与设计研究［M］．长春：吉林科学技术出版社，2019.

［23］ 王晶．现代旅游景观设计规划研究［M］．长春：吉林美术出版社，2019.

［24］ 李蒙．现代城市园林景观规划与设计研究［M］．长春：东北师范大学出版社，2019.

［25］ 段瑞静，王瑛瑛．景观设计原理［M］．镇江：江苏大学出版社，2019.

［26］ 肖国栋，刘婷，王翠．园林建筑与景观设计［M］．长春：吉林美术出版社，2019.

［27］ 李群，裴兵，康静．园林景观设计简史［M］．武汉：华中科技大学出版社，2019.

［28］ 李璐．现代植物景观设计与应用实践［M］．长春：吉林人民出版社，2019.

［29］ 张兴春．环境景观设计［M］．合肥：合肥工业大学出版社，2019.

［30］ 张文勇．城市景观设计［M］．北京：北京理工大学出版社，2019.

［31］ 左小强．城市生态景观设计研究［M］．长春：吉林美术出版社，2019.

［32］ 高伟哲，张玉昆．现代植物园规划与植物造景设计研究［M］．长春：吉林科学技术出版社，2019.

［33］ 杨瑞卿，陈宇．城市绿地系统规划［M］．重庆：重庆大学出版社，2019.

［34］ 肖艳阳．城市道路与交通规划［M］．武汉：武汉大学出版社，2019.

［35］ 孔德静，张钧，胥明．城市建设与园林规划设计研究［M］．长春：吉林科学技术出版社，2019.

［36］ 周武忠．旅游景区规划研究［M］．上海：上海交通大学出版社，2019.

［37］ 高宇宏．居住区景观性健身设施探索与研究［M］．北京：中国建材工业出版社，2019.

［38］ 吴岩．现代旅游区景观规划与设计研究［M］．北京：地质出版社，2018.

［39］ 刘利亚．景观规划与设计［M］．武汉：华中科技大学出版社，2018.

［40］ 李振煜，杨圆圆．景观规划设计［M］．南京：江苏美术出版社，2018.

［41］王长娜，王俊杰．观光农业景观设计多元探索［M］．长春：吉林大学出版社，2018.

［42］魏敏．现代构成设计［M］．南京：江苏美术出版社，2018.

［43］王裴．园林景观工程数字技术应用［M］．长春：吉林美术出版社，2018.

［44］欧阳丽萍，谢金之．城市广场设计［M］．武汉：华中科技大学出版社，2018.

［45］胡宗海．现代园林植物生态设计［M］．哈尔滨：东北林业大学出版社，2018.

［46］金雅庆，林兴家．装饰造型设计基础［M］．北京：北京理工大学出版社，2018.

［47］李迎丹．居住空间室内设计［M］．武汉：华中科技大学出版社，2018.